若者の集客はスマホとアプリに任せよう

少子化時代のポイント・システムによる自動顧客獲得法

みなみ・著

集客に悩む
自動車教習所の
経営者必見

三恵社

■　はじめに

私たちの世代は、いつでも、どこでも、なんでもスマホなんです。
この本は、集客に悩む自動車教習所の経営者に読んでもらいたいと思って書きました。

私は、東京の大学に通う女子大生ですが、スマートフォン(以下スマホと表記します)用のアプリの開発会社の社長でもあります。

スマホが日本に上陸してからまだ10年しか経っていませんが、その便利さは急速に進化し続けています。
スマホは、ひとり1台常に携帯できる高性能コンピュータです。
特に近年は、その特性を活かした連絡、情報収集、ゲームなど様々な機能を持つ新たなアプリが次々と開発され、若者の消費行動や生活環境を激変させています。

自動車教習所はここ数年、少子化に伴う18歳人口の減少、車離れ・免許離れによって、新規運転免許の取得者が毎年減り続けて、厳しい経営を強いられています。

このような経営環境下で今後、生き残るためには「お客様である教習生を時代に合った方法で、安定的に確保するシステム」を考えることが何よりも重要になっています。
この本は、そうした時代に合ったスマホ対策、特に若者の間に急速に普及しているアプリを使った集客方法・経営改善を具体的に提案しています。

スマホによる経営改善を考えてみたいという経営者の方は、ぜひ最後まで読んでみてください。

著者：みなみ

もくじ

第１章
【教習所物語】
港町自動車学校のＶ字回復（前編）

■　港町自動車学校の成功

「やっぱり、ポイント・システムを導入して良かった・・・」

社長の修蔵は、「受付システム」の画面を見ながら、胸をなでおろした。

「今月の業績も、かなり良いね」と修蔵社長が言うと、
「はい、昨年と比べると、３割以上も入校生が増えてます！」
港町自動車学校の浩司が、パソコン操作の手を休め、笑顔で応えた。
「港町大学の学生さん、本当に増えたね。うちにはあまり来ないと思っていたのに、こんなこともあるんだ」
修蔵社長は、パソコンをのぞき込みながら言った。

「僕も信じられないです。奇跡が起こったんですね」
浩司は、父親の修蔵社長の顔を見ながら、返事をした。

港町自動車学校は、それまで地元の港町大学生の入校が、長年、地域の自動車教習所３校の中で一番少なかった。
港町大学生は、生協を通じて自動車学校に通うのが一般的だった

が、3校ともほぼ同じ教習料金にもかかわらず、なぜか港町自動車学校は敬遠されていた。

そんな状況が、「ポイント・システム」を導入するとガラッと変化した。

港町自動車学校内で、友人紹介や様々なキャンペーンによるポイント集めが話題となり、ちょっとしたブームになったのだ。そのブームは他の高校や大学にも広がった。

「ポイントの効果は絶大だな」と修蔵社長が言うと
「そうですね。今は、スマホが高校生や大学生を営業マンに変えてくれる時代なんです。早く対応して良かったですね」と浩司が笑顔で答えた。

■ 若者の自動車学校の選び方の変化

【高校生の康太の場合】

「免許を取りたいけど、どの学校に行こうかな・・・」

康太は、スマホの画面で免許のことを調べながらそうつぶやいた。

港町商業高校に通う康太は、部活の都合で免許を取りに行くタイミングが同級生からおくれてしまっていたのだ。

周辺にある自動車学校は3つ。「港町自動車学校」、「港町南自動車教習所」、「港町中央ドライビングスクール」で、いずれも教習料金は、約30万円でほぼ横並び。
加えて、どこも「個別送迎」で学校と家まで送迎してくれるので、距離の問題もないため、いまひとつ決定打がなく悩んでいたのだ。

そんなつぶやきが聞こえたのか、隣にいた親友の大地が突然、康太にスマホのとあるアプリの画面を見せてきた。

「康太、自動車学校選びに悩んでるんだろ？　だったら俺と同じ所においでよ！　今、俺が紹介したらさ、康太は2万円分のポイントがもらえる。それで、そのポイントは、コンビニで使えるカードに交換できるんだよ」
「へぇ～、そんなのあるんだ。それは凄い！　2万円分のポイントが、俺のものになるの？」康太が嬉しそうに言った。
「そうそう」大地はすぐに返事をした。

康太が、大地のスマホをのぞき込みながら聞いた。
「それ、どこ？」
「港町自動車学校だよ」
「学校の雰囲気はどう？」最後に少し気になっていたことを大地に質問した。
「先生は優しいし、いい所だと思う！」と笑顔で大地が答えると、
「じゃ、港町自動車学校に決定だ」
「ラッキー！　実は康太を紹介したら、俺にも 1 万円分のポイントがもらえるんだ。一緒に免許、頑張ろうな」
「うん、頑張ろう！　そうと決まれば早速申し込みをしないと」
大地も笑顔でうなずいた。

「そういえば、加藤と山田も免許取るって言っていたな」
「じゃ、俺たちひとりずつ、紹介しようか？」
と言いながら、康太と大地は楽しそうに話を続けたのだった。

【大学生の美紀の場合】

港町大学に通う美紀は、免許を取ろうと思い、サークルの先輩の里香に相談していた。

「美紀ちゃん、免許取るならここが良いよ」

里香は、スマホのアプリを見せてくれた。
「アプリですか？　教習所の？」と美紀がスマホの画面を覗きながら聞いた。
「そう。私が通っている港町自動車学校のアプリなんだけど、私の紹介で入れば、美紀ちゃんは 3 万円分のポイントが特典でもらえるんだ。うちの大学の生協だと、一番安い自動車学校でも 29 万円。港

町自動車学校の教習料金は30万円だけど、3万円分のポイントがつくから、生協よりも実質2万円も得になるんだよ。それと、実は紹介が決まったら私も1万円分のポイントがもらえるんだ」と里香は、スマホのアプリを開いて、キャンペーンを見せてくれた。

■ 浩司の悩み

修蔵社長は、自動車学校の三代目社長だった。
祖父が60年前に創業して、父が引き継ぎ、そして20年前に修蔵が社長になった。

今から2年前に修蔵社長の息子の浩司は、東京の会社を辞めて、実家に戻り、港町自動車学校に入社した。浩司が27歳の時だった。

浩司の妻の静香も、浩司と一緒に実家に戻っていた。

静香は、毎日、朝早く家を出て、深夜に帰ってくる夫浩司のことをとても心配していた。

3月の繁忙期ということもあり、その日も夜遅く帰ってきた浩司は、ビールを飲みながら、ため息をついて、妻にこう問いかけた。

「最近の高校生や大学生は、どうやって自動車学校を決めていると思う？」

つい3年前まで大学生だった静香なら何か分かるだろうと思って、浩司は聞いてみた。

「ネットで調べるんじゃない？　スマホでホームページを見て、評判をみたりすると思うよ」
「そうなんだ。そうなると、今の港町自動車学校のホームページって、スマホだと見づらいし、そこからの集客は見込めないかな・・・」
　静香も、浩司の仕事が気になって、これまで何度も港町自動車学校のホームページを見ていた。
「そうかもね・・・。内容もデザインも、ずっと変えてないから古く見えてしまうよね」

　そんな静香の言葉に浩司はいよいよ頭を抱えながら、
「ホームページを何とかしなくちゃいけないのは分かったんだけど、いざやるとなると、お金もかかるし、何から始めたらいいか分からないな・・・」

「うーん、あっ、そうだ。そういえば東京でスマホのアプリ開発会社の社長をやってる私の後輩がいるんだけど、ホームページ制作もやっていた気がする・・・。一回会って、相談してみる？」
「前に会ったことがある人だよね」
「そう、私たちの結婚式にも来てくれた『みなみちゃん』だけど」
「うん。覚えているよ。それじゃ、4月になったら一度、来てもらおうかな」

■ スマホ・アプリ会社の社長登場

4月になって、みなみ社長は港町自動車学校を訪問していた。

みなみ社長は、大学で経営学とマーケティングを勉強する一方、アルバイトでスマホのアプリ開発をしていたが、大学の在学中にスマホのアプリ開発会社を創業していた。

「自動車学校は少子化の影響で、衰退産業なんだ。ここ10年以上、毎年入校生が減って、それでも、打つ手がなくってね」と浩司がみなみ社長に言った。
みなみ社長は、大学の先輩だった静香から事前に教習所の状況を聞いていたので、事情の深刻さが察知できた。

「本当に大変なんですね」とみなみ社長が応えた。

「実家に戻る前に、せめて、決算書だけでも見せてもらえば良かったよ」と浩司は苦笑いしながら
「PL（損益計算書）では黒字なんだけど、ここ数年でBS（貸借対照表）が悪くなっている。かなり危険なスピードで、預金が減っているんだ」

「それは、大変ですね」

「入校生が毎年減っているのが、大きいと思う」と浩司が言いながら、みなみ社長に、過去30年分の入校生数一覧表を見せた。

「確かに、毎年少しづつ減っていますね」とみなみ社長が言うと、
「このまま、同じペースで行くと、経営的には、あと5年が限界だ

と思う」
「でも、浩司さんが戻ってきたので、お父様は期待しているのではないですか？」
「そうなんだ。でも、肝心の営業ができなくなって困っているんだ」

「営業ができないんですか？」とみなみ社長は聞き返した。

「そう。最近は個人情報保護法の影響で DM や訪問営業が難しくなったんだ。DM 送ったり、訪問営業すると、『どこでうちの情報を知ったんだ？』と責められるって職員も嫌がっていてね」
「それは困りましたね」みなみ社長は返事に困った。

浩司のことを心配して、みなみ社長は色々と考えていた。

それから、少し間をおいて、
「自動車学校のお客さんは若い子が多いんですよね？」
「大体が高校生と大学生を中心とした若いかただよ」
「そうであれば、今の若い子は何でも、スマホなんです。スマホ対策はきちんとできていますか？」
みなみ社長が聞くと、
「いや、ほとんど何もしていないんだ。どちらかと言えば、昭和時代のままだよ」

「なるほど」と何かに気付いたようにみなみ社長はつぶやくと、
「それで、今はどうやって集客しているんですか？」と浩司に聞いた。

「新聞チラシとテレビ広告、それに DM と訪問営業です。合宿生は全員、あっせん業者から送り込んでもらっているんだ。地元の大学生は大学生協からの紹介だけど、ほんのわずかなんだよ。ホームページは8年前に作ったまま。料金以外はほとんど更新していないんだ」

浩司は、そんな返事をするのが自分でも情けなかった。
「結局、自分がこの教習所に入ってからの 2 年間、旧態依然のやり方で、何の対策もやっていなかったんだ」

そう言って再度落胆する浩司に、場にそぐわない明るい笑顔でみなみ社長が口を開いた。

「状況は分かりました。私に少し時間をください」
そう言ってみなみ社長は、その日は帰って行った。

■ みなみ社長のプレゼン

それから2週間後、みなみ社長は再び港町自動車学校を訪れ、修蔵社長と浩司に事前に用意した資料でプレゼンを行うことになった。

「まずは、今の自動車教習所を取り巻く環境を調査しました。修蔵社長から紹介していただいた3校の教習所からも現状のヒアリングをしています」

みなみ社長は、前回の訪問から2週間、自動車教習所業界について、調べてみた。浩司が「毎年、入校生が減っている」と言ったこと、さらに「営業ができなくなって困っている」と言っていたのが、ずっと気になっていた。

調べているうちに、少子化の影響の大きさと個人情報保護法による規制が思った以上に影響がある業界であることを理解した。

「それでは、先ずは少子化について、データを見てみましょう」

（第3章の後編につづく）

第２章

【解説】自動車教習所を取り巻く現実

この章では、私（みなみ）が４月（２回目）の港町自動車学校訪問時に、修蔵社長と浩司さんへプレゼンした内容をご紹介します。

■ 少子化による若年層の減少問題

現在、若年層を顧客としている業界全体に大きなダメージを与えているのが「少子化」です。

もう再三言われていることですが、実際の数値や変化を知ることで問題意識が変わると思いますので、その実態について改めて説明していきます。

厚生労働省の人口動態統計によると、日本の年間出生数は、第一次ベビーブーム期（団塊の世代）の 1949 年（昭和 24 年）に最多の 269 万 7 千人を記録、第 2 次ベビーブーム期（団塊ジュニア世代）には 210 万人台で推移しました。それから 1975 年(昭和 50 年)に 200 万人を割り、それ以降は減少し続けました。

そして 1985 年(昭和 60 年)には 150 万人を割り込み、2016 年(平成 28 年)にはついに 100 万人を割り込んで 97 万 7 千人となり、昨年 2017 年（平成 29 年）には 94 万 1 千人まで減少しました。

少子化を食い止める対策を講じず、このままの状態で推移すると40年後には年間出生数は、50万人を割り込むものと予想されています。

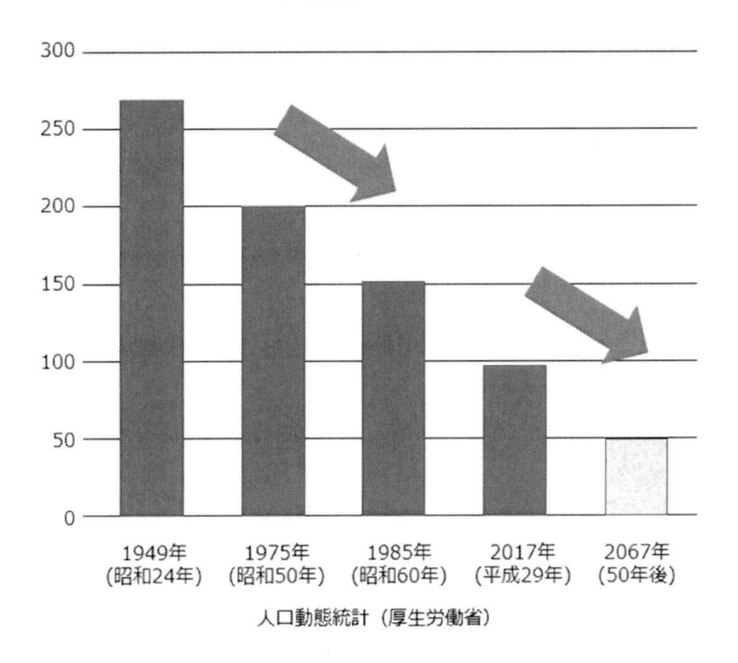

☑ 昭和24年は約270万人の出生

☑ 昨年は約94万人の出生

☑ 50年後の出生数は約50万人になる予測も

警察庁が毎年発行している運転免許統計によりますと、全国の指定自動車教習所の普通車の卒業生数は 1990 年（平成 2 年）の 213 万人をピークに年々減少し、2017 年（平成 29 年）にはついに 119 万人に半減しています。

そして興味深いのが、次のグラフのように、指定自動車教習所の普通車の卒業生数は 18 歳の人口とほぼ同数で推移していることです。黒い実線の折れ線グラフが、指定自動車教習所の普通車の卒業生数です。黒い棒グラフが 18 歳の人口です。

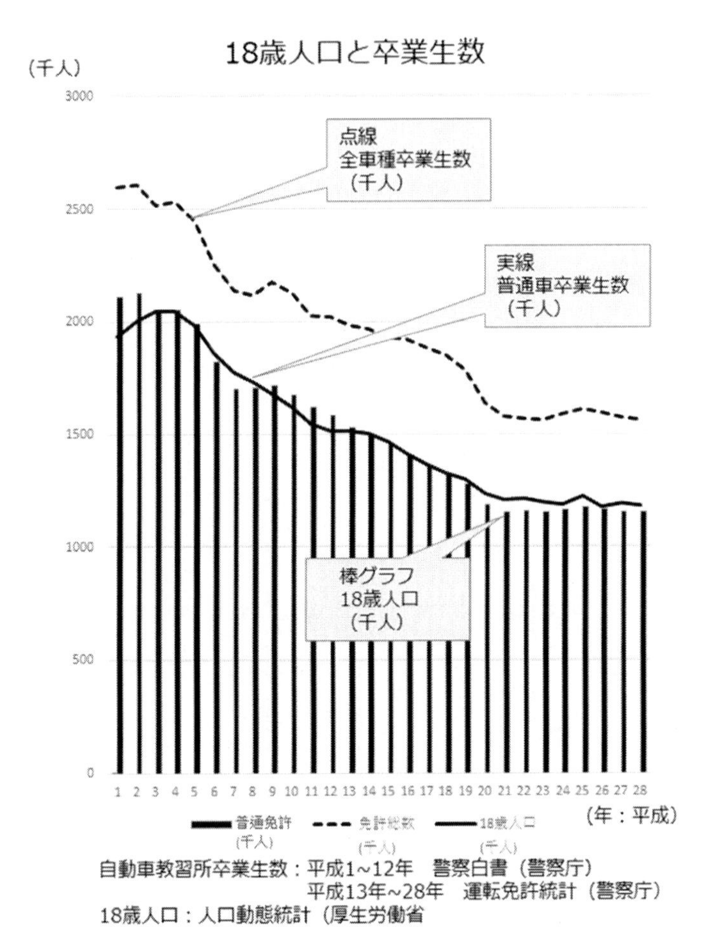

自動車教習所卒業生数：平成1~12年　警察白書（警察庁）
平成13年~28年　運転免許統計（警察庁）
18歳人口：人口動態統計（厚生労働省

☑　18歳人口と自動車教習所（普通車）の卒業生はほぼ同じ数

☑　普通免許だけで比較する

また、厚生労働省の人口動態統計によると、18 歳人口は 10 年後の 2028 年には約 100 万人に減少します。また、昨年（2017 年）の出生数は約 94 万 1 千人でしたので、18 年後（2035 年）の 18 歳の人口は 94 万人程度と推測でき、指定自動車教習所の普通車の卒業生数も約 94 万人程度かそれ以下になることが予測できます。その場合は、自動車教習所の主力商品でもある普通車免許の市場規模は「ピーク時の半分以下」にまで縮小することになります。

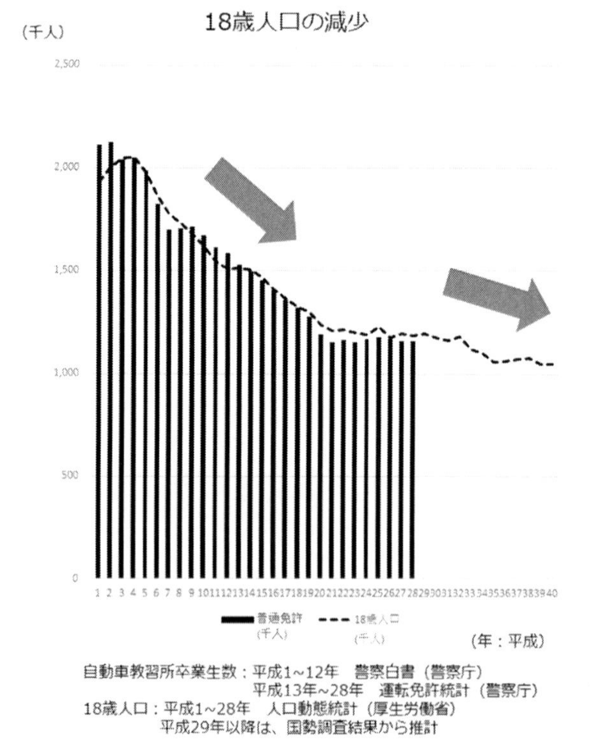

☑　18歳人口は今後も減り続ける

☑　10年後の平成40年には約100万人まで減少

一方、市場規模の縮小に伴い、自動車教習所数もピーク時の1991年（平成3年）の1539校から、2017年（平成29年）には1330校に減少しています。

今後も、市場の縮小は避けられず、専門家によりますと、「10年後にはかなりの自動車教習所が減るのではないか」と推測されていますので、自動車教習所間の生き残りを賭けた競争が、今後、ますます激化するものと考えられます。

少子化の原因は、主に次の3点に集約されます。

1. 出産適齢期の女性の絶対数の減少

人口が減少する過程で、出産適齢期の女性の絶対数も減少しています。

2. 女性の未婚化・非婚化、晩婚化、晩産化の進行

女性の高学歴化や、男性の生涯非婚率の上昇等で、女性の未婚化・非婚化、晩婚化・晩産化が進行しており、出生率の低下にダイレクトに結びついています。

3. 合計特殊出生率（15～49歳の女性が生む子供の平均数）が低位で推移

一般的に、出産可能とされる年齢の女性が生む子供の数は、1981年は1.53人、1996年は1.43人、そして2005年には1.26人で最低数を記録しました。

その後、若干の上昇はありましたが、2016年は1.44人と、過去に比べ依然として低位で推移しており、人口を維持する為に必要な2.07人をはるかに下回っており、大変深刻な状況です。

ちなみに、1925 年（大正 14 年）は 5.11 人、1947 年（昭和 22 年）は 4.54 人と今では想像も出来ない高い出生率でした。

1974 年（昭和 49 年）に 2.05 人となり、人口維持に必要な 2.07 人を割り込んでから、現在に至るまで一度も 2 人以上を記録していません。

■ 過疎化問題

少子化で人口が減少する一方、地方の若者が大都市に移動・集中することで、地方の過疎化が進行しています。

例えば、北海道では550万人の人口の44%（220万人）が札幌を中心とする石狩支庁に、また九州では7県1,300万人の40%（510万人）が福岡県に、それぞれ集中しており、その傾向は現在も続いています。

過疎化を数値で見てみます。次のグラフにあるように、国土交通省による東京圏と3大都市圏を除く地域は、過疎化が進行中で、2005年に平均289万人だったのが、2010年には平均260万人にまで減少しています。さらに、2050年には平均114万人まで減少する予想になっています。

過疎化が進む地域の人口推移

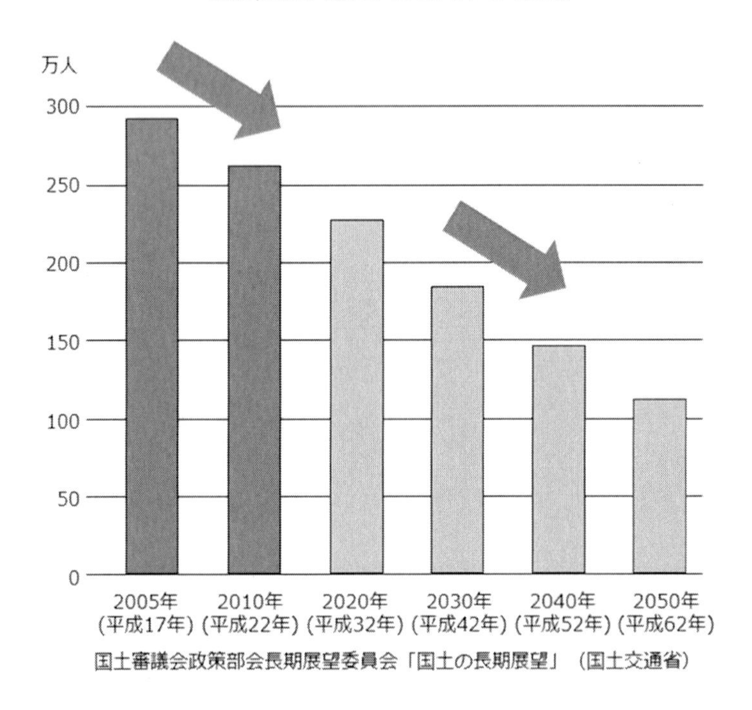

国土審議会政策部会長期展望委員会「国土の長期展望」（国土交通省）

☑ 東京圏と3大都市圏を除く地域は、過疎化が進行中

☑ 過疎化が進む地域の平均人口は、2005年に289万人

☑ 2050年には114万人になる予測も

■ 免許離れ？

警察庁の運転免許統計によりますと、18 歳と 19 歳の普通免許所持率（普通車以上の免許も含む）が 2001 年（平成 13 年）には 37%でしたが、2016 年（平成 28 年）には 32%にまで減少しており、その後も回復が見られないようです。

戦後 10%前後だった大学進学率は、1970 年代には 30%台後半になり、2016 年（平成 28 年）は 55%になっています。

大学へ進学する高校生の場合は、免許を取得するのは大学受験が終わってからになりますので、大学進学率が上がれば、19 歳までの普通車免許所持率も下がります。

次のグラフのとおり、19 歳から 29 歳までの普通車以上の免許所持率は大きく変わっていませんので、最近良く言われる「若者の免許離れ」という傾向はみられません。

重要なポイントは、免許の総数や普通車のみでなく、大型や中型などの免許の種類が増えたことを考慮して、普通車以上の免許所持率で検証してみることだと思います。

ただし、近くに大学がなく、さらに合宿をやっていない教習所は、普通免許を取得する高校生が主体になると思います。今後の教習所の需要を予測する上で、これらの傾向も把握しておく必要があります。

通学圏内の高校の定員数（学年数）をヒアリングして、傾向をつかんでおくことも大事です。

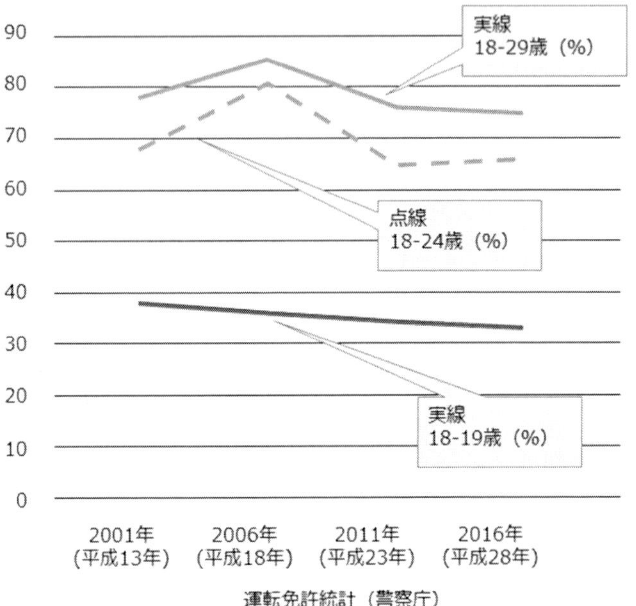

☑ 普通車以上の免許所持率です。
普通車、大型、中型、準中型（２種も含む）

☑ 18歳,19歳の普通車以上の免許所持率は
平成13年以降、減少しています。

☑ 今後、入校生を予測する際に、免許の所持率
も考慮が必要です。

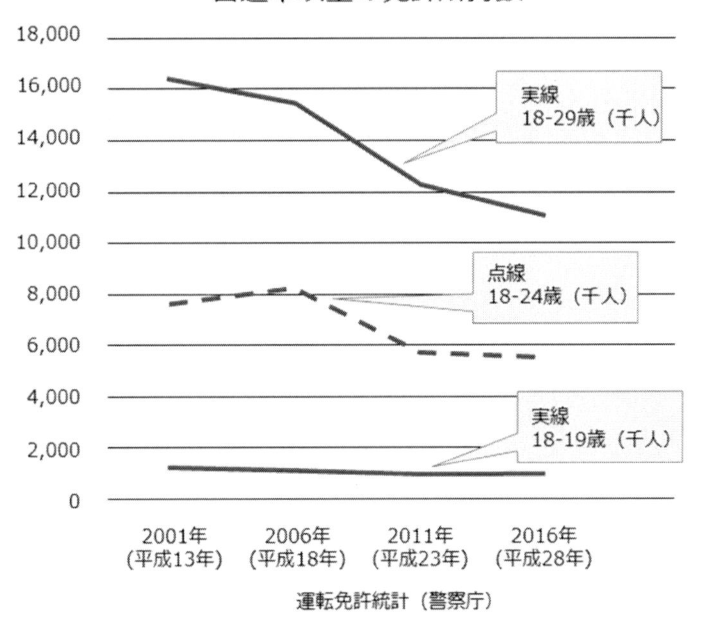

☑　普通車以上の免許所持数です。
　　普通車、大型、中型、準中型（２種も含む）

☑　少子化の影響もあり、免許所持数は
　　平成13年以降、減少傾向にあります。

☑　今後、入校生を予測する際に、免許の所持数
　　も考慮が必要です。

■　自動車離れ？

「自動車離れ」という言葉がありますが、実際に今時の若者は自動車の所有にこだわっていません。

車を持っていなくても生活に困らない世の中になったからです。

レンタカーやカーシェアリングもかなり便利になって、安く簡単に借りられるようになりました。

さらに言えば、首都圏を中心とした大都市部では、電車や地下鉄などの公共交通網が発達し、どこにでも簡単に行くことができるようになっていますので、激しい道路渋滞に見舞われる車よりも電車の方が便利と思う若者が多くなっているのも事実です。

また、限られたお小遣いを高価な自動車の購入、維持に使うより、スマホのアプリを購入したり、アミューズメントでお金を使ったり、おいしい食事代に使う方を選ぶ、という理由でも車離れは加速しています。

今、私が住んでいる東京都内（23 区内）では、タクシーの初乗料金が、昨年、410 円になりました。それまでの 730 円から 320 円も安くなりましたので、とても使いやすくなりましたし、実際にタクシー利用者が 23%も増えたというデータもあります。

また、運搬面では、大きな荷物は宅配便で送ることができるようになり、自家用車を使わなくても不便を感じない生活になっています。

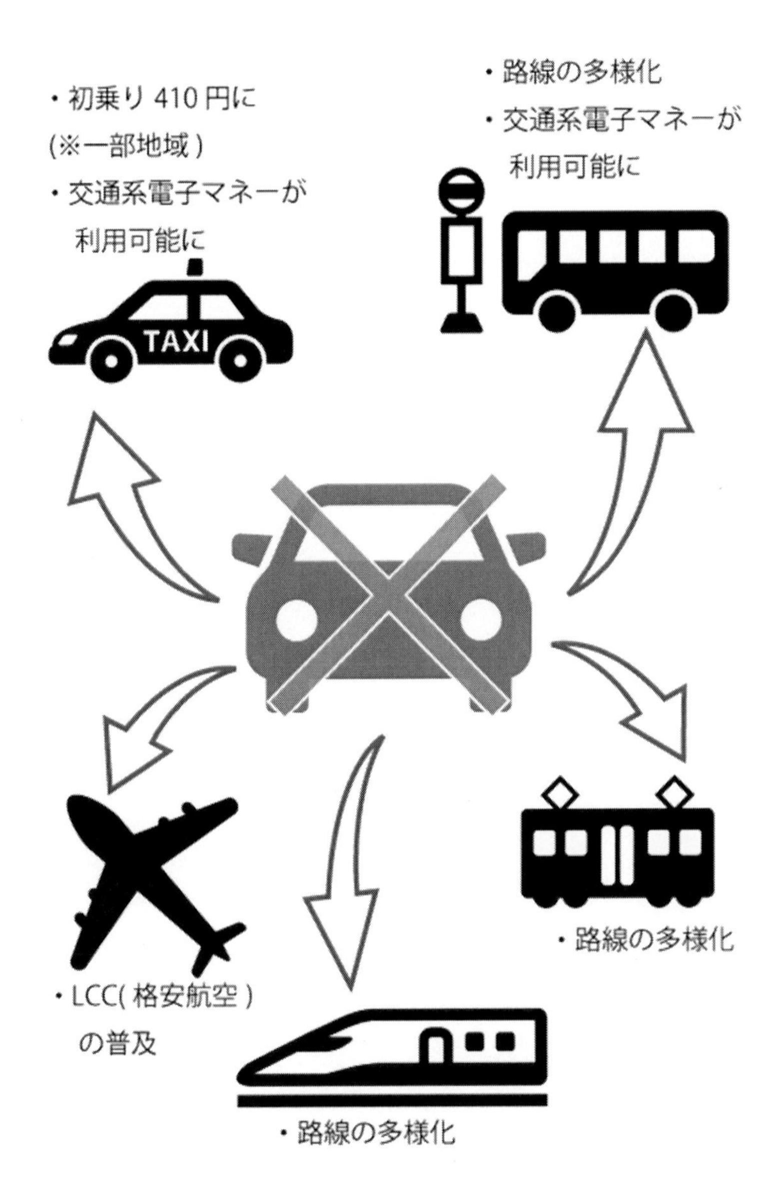
・初乗り 410 円に
(※一部地域)
・交通系電子マネーが
利用可能に
TAXI
・路線の多様化
・交通系電子マネーが
利用可能に
・路線の多様化
・LCC(格安航空)
の普及
・路線の多様化

実際、私は20歳の時に、合宿でAT（オートマチック）普通車の免許を取りましたが、未だに1回も自動車を運転していません。
本当に、運転免許証が単なる身分証明書になっています。

私の同級生でも、未だに普通車の運転免許を取っていない人がたくさんいます。
それでも不便に感じないのですから、今後も、この傾向は続くのでしょう。

■　自動運転が実現？

「車庫入れをスマホでできる自動車」が、アメリカのシリコンバレーで誕生しました。
人を感知して自動でブレーキをかける、という機能に始まった自動運転技術は日々進化し、スマホと連携して一つの難関でもある車庫入れまで出来るようになりました。
この車を開発したテスラ社は、ガソリンエンジンではなく、電気とモーターで動く電気自動車のメーカーです。

なんと、私が自動車教習所で苦労して練習した車庫入れを、スマホ操作で勝手にやってくれます。

「これぞ、私の望んでいた自動車です！」

今、シリコンバレーでは、電気自動車の公道走行の実験が続けられています。
スマホで行きたい場所を登録したら、ＩＴを駆使した電気自動車が、自動運転で目的地まで運んでくれる。自分でハンドルを握ることはありません。
そんな時代が来るのも、遠い未来ではなさそうです。

これからの電気自動車は、「巨大なスマホ」になると思ってください。
電気装備が充実した自動車というよりも、スマホを大きくして、そこにモーターとタイヤを付けたと思えば良いです。
自動運転のために、前後数カ所に高性能小型カメラを埋め込み、前方だけでなく後方や側面からの危険を感知して、対応します。

今後、様々なITを駆使した自動運転システムが、法令による義務化、または自動車の標準装備として一般に普及すると、自動車教習所で運転免許を取得する際に、技能教習の時間が大幅に減少することが考えられます。そうなると、1人あたりの教習料金が大幅に低下すると予測できますよね。

■　あっせん業者の依存度は？

少子化によるマーケットの縮小によって、大学生協をはじめとするあっせん業者に営業を依存する体質になっていませんか？

私が調査したところ、自動車教習所のあっせん業者の手数料は、歩合（%）ではなく固定額が多く、普通車の免許を取得しようとする場合、ひとりあたり4万～5万円ものあっせん手数料がかかります。教習料金を値下げした場合は、手数料の比率はさらに高くなり、「手数料の実質値上げ」になり、教習所の収益を圧迫する要因の一つになります。

また、大学生協を通しての入校は、教習所の直接入校よりも一般的に安値の提供を求められます。地域独占の強い立場からあっせん手数料の値下げはほとんどされませんので、教習料金を値下げする場合は、相対的に高い手数料と安い教習料金のダブルパンチで教習所の収益の低迷が避けられません。

収入（教習料金等）から人件費や車両維持費、宣伝広告費、その他の費用を差し引いた利益に余裕があれば、あっせん手数料の値上げを吸収できますが、利益に余裕が無い状態で、あっせん手数料を値上げされたら、最悪、赤字に陥り事業の継続が難しくなります。

健全な経営を続けるには、あっせん手数料の値上げを回避しながら、あっせん業者や生協からの紹介依存度を引き下げる努力が必要になります。

あっせん手数料の負担

集客を外部のあっせん業者に委ねていますと、自主的な収益の向上と経営の安定化は難しいと思います。
これを回避するためには、教習所への顧客から直接の入校申し込みを増やす必要があります。

そこで、あっせん手数料より安価なコストで導入可能な「集客システム」の活用を検討してみる必要があるのです。

他業界でも直接の申し込みにシフトしている例がありますので、参考までにホテル業界についてお話をしてみます。
ホテルや旅館は、以前は「部屋」を季節毎に大手旅行代理店に販売委託していました。

この「部屋」の販売委託方式だと、予約が入って宿泊があれば宿泊代が入りますが、空室のままでは、宿泊代が入ってきません。
もちろん、空室の場合、販売委託した旅行代理店からの保証もありません。
多い所では予約可能な部屋数の 9 割以上も旅行代理店に委託していたホテルもあるそうです。

経済が右肩上がりで、需要が多い時はこの方式でも良かったのですが、景気が悪くなると、大事な営業を大手旅行代理店に頼っていたホテルや旅館はなすすべもなく倒産していきました。

そんな中、今、生き残っている宿泊施設は、どうやって経費を抑えつつ、集客を図ったのでしょうか？

その答えは、大手旅行代理店への販売委託をやめ、はやりのネット対策へと目を向けたことにあります。

ネットには今、大手旅行代理店にも勝る予約件数を持つ、旅行検索サイトがいくつか存在します。

例えば「じゃらん」や「楽天トラベル」です。
今多くの人はこういったサイトで料金やサービスを比較しながら検索します。

その検索サイトを利用してどんな戦略をとったかと言いますと、
「じゃらんで検索して、お客様に知ってもらい、実際には、自前のホームページで予約してもらう」というものです。

もちろん、「じゃらん」では「ホテルの直販より安い事」が掲載の条件ですので、自前のホームページの予約価格は、少しだけ高く設定しておきます。そして、「じゃらん」で検索して、直接、自前のホームページで予約してくれたお客様には「様々な特典」を提供することで、直接の集客ができ、旅行検索サイトへの手数料が節約できます。
皆さんも旅行や出張の際には、「じゃらん」や「楽天トラベル」で検索して金額を確認してから、その後、ホテルの自前のホームページで予約した方が「得」なことがあるかも知れません。

自動車教習所もそろそろホテル同様、あっせん業者、つまり、大学生協やネットあっせん業者を通さない集客対策を講じたほうが良いと思います。

その為には、まずは、自前のホームページを充実させることが大事になりますよね。

■ 競合校の値下げやダンピング

周囲に合わせて、値下げし続けないと売れなくなっていませんか？

顧客獲得のために、相手が下げたらこちらも下げる、と値下げ競争を始めたら、値下げが値下げを呼んで競合校の間で潰し合いが始まり、お互いに収益を悪化させることになります。

　市場に悪影響を及ぼす程の不当な値下げ、これを「ダンピング」と言いますが、ある限界点を超えての値下げ競争はとても危険なんです。

「競合校の値下げに対抗して値下げすれば、入校生が増えるか？」という問題があります。こちらが追随して値下げしても、競合校がさらに値下げしたのでは入校生の増加は見込めません。

そこで、「値下げせずに顧客を確保する方法」を考える必要があり、競合校には無い特典やサービス、差別化が入校生を増やすカギとなります。

また、せっかく考えても「どんなにいい商品でも、知らなければ誰も買わない」ですから、自社のホームページで、しっかりと説明をしなければなりません。

■ 個人情報保護法による規制強化

近年、個人情報保護の法令化で、以前は簡単に入手できた中学や高校の卒業アルバム等の住所録や、高校・大学の部活名簿の入手が困難になってしまいました。

また、名簿販売業者からの名簿入手が困難になった上に、内容の精度も悪くなっています。

これまで名簿を頼りに若者に向けたアプローチをしていた業界にとっては大打撃で、未だに名簿に代わる集客手段が見つかっていない状況です。

また、2017年5月末日に新たな改正個人情報保護法が施行されたことにより、本人の同意無しに個人情報を利用できなくなるという、さらに厳しい制限がついてしまいました。

改正個人情報保護法の施行で名簿販売業者からの名簿購入が難しくなったため、今までのような方法で入手していた名簿に基づき訪問営業をしていた教習所は営業手段の見直しが必要になっています。

訪問営業と同様に、DMで営業していた教習所も、名簿販売業者からの名簿購入が難しくなったことで、DMを送ることが事実上できなくなってしまいました。

訪問営業もDM送付も難しいので、新規の顧客獲得の為の営業活動が大きな課題になっています。

オプトイン、オプトアウトってご存知でしょうか？

オプトインというのは、「事前の承諾あり」です。

オプトアウトは、「事前の承諾がない」、つまり「無許可」です。
改正個人情報保護法では、簡潔に言うと、オプトインは良いのですが、オプトアウトはできなくなりました。
つまり、本人の事前承諾なしに、訪問営業やＤＭ送付、広告メールの送信ができなくなったのです。

オプトは「選択する」という意味です。

オプトイン（オプト＋イン）は、訪問営業やDM送付の際に、事前に利用者の承諾を得ることです。

一方、オプトアウト（オプト＋アウト）は、オプトインの反対で、利用者の承諾を得ることなく訪問営業やDM送付をすることです。

例えば、メールマガジンの例を出しますと、これまではユーザー登録制サイトでメールアドレスを含めた登録を行ったとき、サイト側はそのユーザーの許可を得ることなく、メールマガジンや関連サイトの案内などを大量に送りつけることができました。
これも以前は、一つの営業方法でした。

しかし、個人情報保護法の改正によって、本人の承認が必要となりました。

【お得な情報満載のメールマガジンの配信を希望しますか？
□はい　□いいえ】

サイトに登録しようとした際、必ずこのようなアンケートが最後の方に付け足されるようになりました。ここで大切なのが、「お客様がメールマガジンの受信を希望している」ということです。

オプトインとオプトアウト？

オプトアウト【Opt-out】

利用者の承諾を得ることなくメール配信や個人情報の利用を行うこと

オプトイン【Opt-in】

事前に利用者の承諾を得ないとメール配信や個人情報利用ができないこと

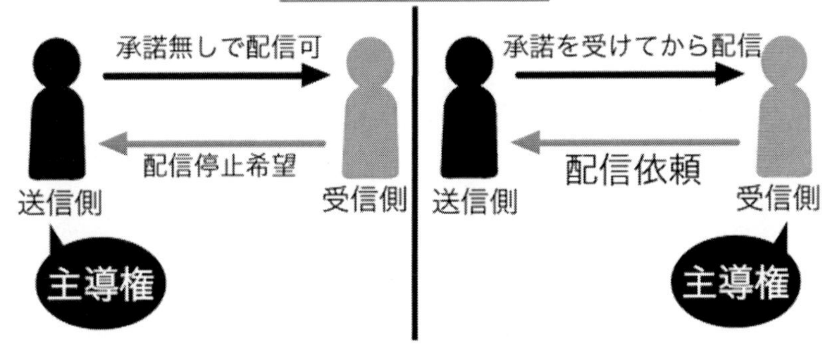

・2008年に「特定電子メール法」が改正され、当時現行していたオプトアウト方式からオプトイン方式に変更されました

通販サイト『楽天市場』の購入前に要求されるオプトインの例

メールマガジン登録　※ご利用いただいた方には、楽天からのメルマガをお送りします。

ショップからのお知らせを受け取る

このお買物へのレビュー(評価)

すべて解除　※不要な方はチェックを外してください。

既に配信されているメルマガの配信停止をしたい場合は、次のページの「配信停止ページへ」のリンクから停止作業を行ってください。メルマガはHTML形式やテキスト形式でお送りしております。

どちらでもいい人はおそらく受け取りたくないでしょうね。だってメールボックスをさらに圧迫してしまいますから・・・

希望した人にしかキャンペーンの案内ができない、つまり新規顧客の獲得を目的としたＤＭ等が全く打てなくなってしまったのです。

フリーのメールアドレスも立派な個人情報ですので、扱いが厳しくなりました。

既存顧客をリピーターにするための方法も大事ですが、教習所の集客ではリピーターを増やすことよりも、新規顧客の獲得が重要になります。
これから、ますます個人情報規制が厳しくなる社会で、どのように新規顧客獲得に向けて準備するかがとても重要になります。

■ 広告が届かない

今やスマホで最新の情報や知りたい情報が簡単に、かつ、迅速に得られます。

私たちは、朝起きてから寝るまでの間、また、食事や仕事（あるいは授業）、入浴等の時間を除く大半の時間、スマホを見て過ごします。

新聞だけでなく、雑誌などの「ペーパーの活字」離れが急速に進んでいます。

知りたい情報はいとも簡単に、スマホから得ることができるのです。わざわざかさばる本を買う必要はなくなりました。またキンドルなどの電子書籍もスマホで見ることができます。スマホなら、いつでも、どこでも見れますので、本当に便利です。

テレビＣＭも同じことです。膨大な費用をかけて作ったテレビＣＭも、以前ほど効果がなくなってしまいました。
その一因となっているのが、スマホでの動画サービスが充実し始めたことです。

広告が届かない

チラシ

新聞

例えば、一番わかりやすいのがユーチューブ（YouTube）。

ユーチューブは、スマホが日本に上陸する前からあった動画サービスですが、スマホと組み合わさったことによって、ユーチューブはより身近なものになりました。

そしてこのユーチューブは、「無料で見られて楽しいだけ」というものではなくなりました。どういうことかと言いますと・・・

2017年度　将来なりたい職業（中学生回答）

［男子］　1位　ITエンジニア・プログラマー
　　　　　2位　ゲームクリエイター
　　　　　3位　ユーチューバー

［女子］　1位　芸能人
　　　　　　・
　　　　　　・
　　　　　10位　ユーチューバー

（ソニー生命保険調べ）

これは昨年、話題になった、今の中学生のなりたい職業ランキングです。

男女ともにランキング入りしているこの「ユーチューバー」と聞いて、どんな職業だかわかりますか？

ユーチューバーとはユーチューブに広告を入れた動画を投稿し、その閲覧数に応じた広告収入で生計を立てる、スマホ時代の象徴のような職業です。

なぜ、テレビ CM の効果が薄くなってきているのでしょうか？それは今まで若者がテレビを見ていた時間が、スマホで動画を見る行為に置き換わったからにほかなりません。

またもう一つの観点でいえば、ユーチューブなどの動画配信コンテンツのよさは、「良くも悪くも」リアルであるということです。

誰でも簡単にユーチューブに動画を投稿（アップ）して、ユーチューバーになれる時代です。私のような一般人でも食べ物からゲームまで何でも、動画でレビューをすることができます。
そして当たり前ですが、そのレビューは全世界の人がユーチューブを通して見ることもできます。

「良くも悪くも」と言ったのは、一般人が動画を投稿しているため、純粋な意見を知ることが出来るからです。テレビや新聞でフィルターのかかった偽物の情報よりも、自分が必要なジャンルの情報を、いつでも、好きな時に見ることができます。もちろん、中には悪いレビューもあると思います。それが「リアルである」と言った理由です。

こう言った様々な理由から、若者のペーパー活字離れとテレビ離れが進んでいますので、見ない所にわざわざ広告を打っても意味がないことがお分かりいただけると思います。

以前は、自動車教習所の送迎バスに「教習所の名前」を大きく書いて、街中を走れば集客につながると考えられていました。
送迎バスが走ることで、「認知度」が上がる事を期待したり、「ここまで送迎してもらえるのか」という安心感を与えたりすることはあったと思います。

ただ、誰も乗っていない送迎バスを広告効果のみを狙って走らせれば経費が余分にかかります。どうせ、「広告宣伝」するのであれば、もっと「費用対効果」の高い方法に切り替えるべきだと思います。

新聞の折り込みチラシや雑誌の広告、テレビやラジオなど、若者に届かない広告はやめて、別の方法に切り替えましょう。

自動集客アプリ
『エブスマ』

企業の集客をアプリで
自動化することが
私たちのミッションです

第３章
【教習所物語】
港町自動車学校のＶ字回復（後編）

みなみ社長のプレゼンを修蔵社長と浩司はだまって聞いていた。少子化や過疎化、個人情報保護の問題など、自動車教習所業界を取り巻く環境が、ますます厳しくなっていくことを痛感していた。

同時にみなみ社長は、修蔵社長と浩司のために新しい提案を持ってきていた。

■ ポイント・システムの導入

それまでのプレゼンから突然、みなみ社長の口調が変わった。

「新しいことを始めましょう！」笑顔で優しく話した。

「新しいこと？」浩司は首をかしげる。

「何か良い案があるんですか？」と修蔵社長も聞いた。

「はい、そうです、全く新しいことです。具体的には、先程、プレゼンの中で言った顧客からの直接入校申し込みをする度合いを高めるために、スマホを使って集客しましょう、って話です。さらにアプリなら、事務の合理化もできます」とみなみ社長は自信を持って言った。

「スマホを使って・・・？」ますます分からなくなった浩司が聞き返した。

「まずは、ホームページをスマホに対応して、リニューアルしましょう。若い人はスマホからホームページを見に来ます」

「そうだ。もともと、みなみさんに来てもらったのは、ホームページをスマホに対応し、リニューアルするのが目的だったんだ」

「はい、そのことはお聞きしていましたが、それだけではなく、今回の調査で、スマホのアプリとポイント・システムを導入してはどうかと思いつきました」

「ポイント・システム？」浩司が驚いてまた聞き返したが、みなみ社長は続けた。

「これは実際にあったことなんですが、私の会社で取引のある大手洋服チェーンは、3年前からテレビ、新聞チラシなどのマスメディア広告の予算を半分にして、インターネット対策に力を入れて、業績を伸ばしています。それまで使っていた紙のポイントカードを無くして、スマホのアプリでポイントを始めたら、若い人に大ウケしたんです」

「でも、自動車教習所でポイントなんですか？　知り合いの教習所で大手のポイント会社の加盟店になって、ポイント・システムを導入したけれどほとんど効果が無かったと聞いたことがあるよ」と浩司が聞くと、みなみ社長は

「教習所がポイント大手と提携してもポイントより手数料のほう

が高くつき、しかも教習生にとってもあまり大きなポイント還元ができないんです」
「そんなに高い手数料をとるの？」

「はい、どのポイント大手も1円のポイント発行につき2円の手数料が必要になります。つまり3円もコストがかかるんです」

「じゃ、教習生に3,000円分のポイントを付けるのに、教習所は9,000円をポイント運営会社に支払うってわけ？」

「そうなんですよ。だから教習所独自のポイント・システムを運用するのです」

「ポイント大手の手数料が高いのは分かったけど、教習所独自のポイント・システムがそんな簡単に運用できるの？」

「もちろん、教習所が独自でポイント発行できるシステムを一から開発するというのは、簡単ではありません」
みなみ社長は続けた。

「洋服チェーンより自動車教習所の顧客のほうが圧倒的に若いお客さんの比率が高いことを考えると、ここでもポイント・システムは有効だと思います」
と言いながら、スマホの画面を浩司に見せた。

「これが、若い人に人気のアプリです。アプリだとポイントカードを失くしたり忘れたりすることが少ない上に、ポイント残高などが確認しやすくて定着しやすいんです」
みなみ社長は浩司に大手洋服チェーンのアプリを見せながら言った。

「さらに、このアプリでは緊急連絡やキャンペーン広告、クーポン券を発行するというような機能も使えます」

「面白そうだけど・・・」

浩司は、少し考えてから返事をした。
「確かに、うちの顧客のほとんどが若い人だよ。大型や二種で社会人もいるけど、主力は高校生、特に２月、３月の高校生をどうやって集客するかがポイントなんだ」

「そうですよね。だったら例えば、その高校生が友達を紹介したら、ポイント発行する、なんてキャンペーンを打つと効果的だと思います。例えば、紹介した人、紹介されて入校した人、それぞれにポイントを付けることもできるんです」

「なるほど。それは面白いね。でもそんな大手しかできないような独自のシステムを、うちの規模で導入できるものなの？」
心配そうに浩司が聞くと
「私の会社で開発した大手洋服チェーンのポイント・システムが自動車教習所に転用できると思います。御社が本当に導入するつもりがあれば、社内で検討してみます」

力強く言ったみなみ社長に、浩司は藁をもつかむ思いで頭を下げてお願いをしたのだった。

浩司はすぐに修蔵社長と相談して、みなみ社長の提案した「ポイント・システム」を導入することに決めた。
「どうせ、このまま何もしなくても無くなる運命なら、今のうちに、できる事はやってみよう」という修蔵社長の言葉に浩司は強くうなずいたのだった。

■ 女子大生集団

予定どおり、8月にポイント・システムの運用が始まった。
色々と試行錯誤もあったが、それからさらに半年が過ぎた1月、港町自動車学校のロビーに港町大学の学生集団がいた。

「社長、あの赤い服を着た子が佐藤美紀さんです」

浩司が見つめる先に港町大学生の美紀がいた。
修蔵社長はすぐにカウンターを飛び出し、赤い服を着た女の子に向かって
「佐藤美紀さんですか・・・？」と聞いた。

「はい」美紀は笑顔で応じた。

「初めまして。私は港町自動車学校の社長の武田です」そう言うと修蔵社長は深々と頭を下げた。

突然の社長の登場に、美紀とその友人達が驚くなか、修蔵社長は笑顔で話を始めた。

「佐藤さんがたくさんのお友達を紹介してくれたと聞きました。本当にありがとうございます」

驚きながらも美紀は、「いいえ。こちらこそ」と答え、周りの友人を見ながら笑顔で、
「本当にみんな、喜んでくれています。私は、大学生協より絶対にお得だと思ったので、案内しただけです。そうしたら、たくさんのポイントをいただけたので、どんどん紹介しちゃいました！」

嬉しそうに話す美紀のすぐとなりにいた優子は、
「私も、友達の美紀と一緒に教習所に通える上に、ポイントももらえたので、紹介してもらえて本当によかったです。みんな生協に申し込みに行くつもりだったけど、こっちのポイントが断然お得だもんね」そう言って残りの友人達も顔を合わせ、笑顔でうなずいた。

「ちょっとお聞きしたいんですが、みなさんが当校を選んで下さったのは、ポイントがあったからですか？」修蔵社長は、美紀たちを見渡しながら聞いてみた。

「はい、そうです。それに、美紀が良いと言ったから決めました」
優子が真っ先に答えた。
「美紀がSNSに楽しそうな教習所の写真を載せていて、その後に紹介のことが書いてあったからみんな気になって美紀に連絡したんです」

「あのキャンペーンですね！　もしかして皆さんは紹介キャンペーンで・・・？」
修蔵社長は、まさかと思って聞くと、女子大生が一斉にうなずいた。

修蔵社長は驚きながらも嬉しそうな表情で、
「どうもありがとうございました。そろそろ次の教習時間が始まります。キャンペーンは続けますので、ぜひ、またお友達を紹介して下さい。ありがとうございました」
丁寧にお礼を言って、事務所の中に戻った。

事務所で待っていた浩司に
「良い話が聞けたぞ」と興奮しながら修蔵社長が話しかけた。

「どうしたんですか？」
「思った以上にSNSの紹介キャンペーンはすごい。このままだと、今年はすごいことになるぞ！」
修蔵社長と浩司は、ポイント・システムのおかげで入校生が飛躍的に増えたことを実感していた。

■　浩司の活躍

港町自動車学校は、3月の繁忙期が終わり、一息ついていた。1年前の8月に運用を始めたポイント・システムの成功で、入校生を昨年比で30パーセントも増やすことができた。

修造が社長に就任して「20年間、ずっと入校生が減少してきた」ことを考えると、信じられない出来事だったので、職員全員が喜びつつも驚いていた。

浩司は、3年前に東京の会社を辞めて教習所の業務に携わるようになった。最初の2年で分かったのが、「もう手の打ちようが無い」という現実だった。何をやれば良いか分からず、途方に暮れている中、妻静香の提案で、アプリ開発会社に相談した。

そしてちょうど1年前、そのアプリ開発会社のみなみ社長のプレゼンで自動車教習所業界のおかれている問題が把握できた。さらにみなみ社長から、ポイント・システム導入の提案もあったので、導入することにした。しかし、運用するまでの道のりは容易なものではなく、
「大学生協を怒らせるのか？」
「家電量販店じゃないのに、なぜポイントなの？」
「合宿教習の集客は、あっせん業者に任せておけば良い」

「システムを買うお金があったら、校舎を改装するか、教習車を新しくするべき」
こういった教習所の古参幹部や事務員からの反対で、なかなか進まなかった。

そんな中、修蔵社長は、全面的に浩司に協力した。

そのうちに職員が少しずつ、ひたむきにがんばる浩司のことを理解してきた。

特に事務員は、ポイント・システムの運用に慣れるのに、かなりの時間がかかったが、徐々に紹介による入校生が増えると、みんなの考えも変わっていった。

こうして、長年業績が落ち続けた影響で、暗く、どんよりとした雰囲気の港町自動車学校が、浩司が入って、ポイント・システムを導入し、入校生が徐々に増えていったことで、活気づき、少しずつ明るくなっていったのだった。

■ 経営革新のつづき

ポイント・システムの運用から 1 年過ぎた頃、浩司のスマホにメッセージが入った。

東京のアプリ開発会社のみなみ社長からだった。

「電話できますか？」
短いメッセージだったが、浩司は、すぐにみなみ社長の携帯電話に電話した。

「もしもし。みなみ社長、武田です。お世話になります」
「はい。お世話になります。浩司さん、お忙しい中、電話ありがとうございます」
「どうなさいましたか？」と浩司が聞くと、
「はい。ちょっとお伝えしたいことがあり、お電話しました。その後、業績はいかがですか？」
「みなみ社長、今年の夏は、港町大学生がたくさん来てくれて、さらに東京からの合宿生も予想以上で、予約はいっぱいです。本当にありがたいです」
「それは良かったです。さすがですね」
みなみ社長がそう言って、言いにくそうに続けた。
「ところで、競合校の港町中央ドライビングスクールが、他社のポイント・システムを入れたらしいですよ」

ひと呼吸置いて、浩司が返事した。
「そうなんだ。港町中央ドライビングスクールさんは、最近、当校のことを色々と調べていたそうです。特にポイント・システムは、かなりしつこく聞き回っていたようです」

「それで、浩司さんはどうなさいますか？」
「みなみ社長。やっぱり、これからはスマホの活用方法が勝負になると思う。それが、この1年で、はっきりと分かった。これからも、みなみ社長から提案してもらっている『人工知能を使ったチャットシステム』や『CTI』を導入して、さらなるIT化を進めたいと思う。それと、紹介キャンペーンをもっと工夫して、さらに紹介者の輪を広げ、集客数をアップさせますよ」
「さすが浩司さん！　了解いたしました」
「こちらには、1年前に始めたアドバンテージがあります。すでに、港町大学や港町商業高校には、当自動車学校のポイント・システムを入れたアプリを利用できる当校の卒業生がたくさんいるでしょ。つまり、当校の営業マンがたくさんいるということなんだよね。だから、絶対に負けないよ」
「そうですね。その言葉を聞いて安心しました。ところで、今度、静香先輩と3人で晩御飯、食べに行きませんか？」
「それはいいね。ぜひ。私も色々と相談があるし、お礼もしたいので。静香に確認して連絡するね」
「ありがとうございます。楽しみにしてます。私からも静香先輩にラインしておきます」
「はい。ではよろしく」

浩司は、電話を切った後、ゆっくりと立ち上がり、社長室の窓から外の景色を見た。

教習所のコース内では、たくさんの教習車が動き回っていた。
「さて、何からやろうかな」
浩司は、みなみ社長からの提案書を思い出しながら、「まずはCTIかな？」とつぶやいていた。

（終わり）

第４章

【解説】自動集客アプリ『エブスマ』

この章からは、私（みなみ）が収蔵社長に提案した「自動集客アプリ（エブスマ）」について解説します。

修蔵社長の質問に、私が答えるという、問答形式で進めます。
下の図は、修蔵社長の顔です。

私は港町自動車学校の社長をしている武田修蔵です。

また図の中に、スマホの妖精『エブちゃん』が登場して、解説をサポートします。気楽に読んで下さい。

スマホの妖精『エブちゃん』 ©Minami

■ 自動集客アプリとは

例えば、教習所のオリジナルのアプリを作成したとします。

入校時に、そのアプリをダウンロードしてもらうだけで教習生の教習所へのイメージが変わると思います。

「アプリなんてあるのか。先進的な教習所だなぁ」という感じを受ける大学生、高校生も多いと思います。

スマホ対応したホームページも、オリジナルのアプリからならワンクリックで確認することができます。

また「プッシュ通知」を送信して、さらに「チャット」や「ウェブビュー」を利用することで今どきの若い世代へ向けて確実に情報伝達ができます。

「自動集客アプリ」とは、スマホのアプリを使って、自動的に集客する仕組みです。

どうやって自動で集客するの？

簡単に申し上げますと、スマホのアプリを利用して、在校生や卒業生を「営業マン」にして「集客を図る」ということです。

つまり、お客さんを営業マンになってもらい、お客さんに連れてきてもらう、こんなイメージですね。

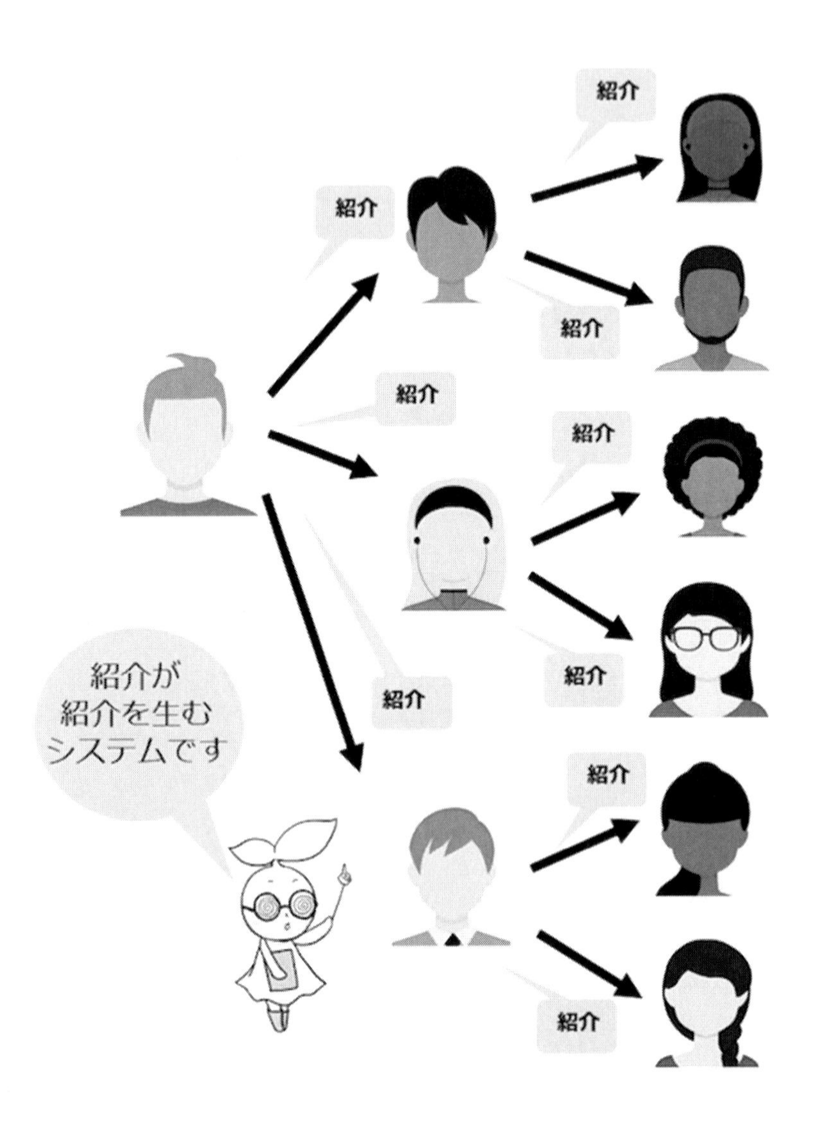
紹介
紹介
紹介
紹介
紹介
紹介
紹介
紹介
紹介
紹介が
紹介を生む
システムです

最近は個人情報の管理が厳しく、訪問営業やＤＭ送付が難しくなりました。
また、指導員の中には「突撃営業」に出ることに大変な苦痛を感じる方もいます。

こんな時代だからこそ、兄弟の情報、つまりお兄さん・お姉さんから弟、妹の情報を入手し、お兄さん、またはお姉さん経由で集客することが大事になります。
同様に大学の同じサークルの先輩から後輩、同級生から同級生の紹介など、在校生や卒業生を営業マンにして、安定した集客を図るものです。

そのために、アプリが持っている機能が非常に重要になってくるのです。

ここからは各機能についてお話していきます。

■ プッシュ通知付きのお知らせ機能

「お知らせ機能」は、教習所から教習生への連絡に使います。

例えば、ある日台風が来て、次の日を臨時休校にすると想定します。
これまでですと、電話やメールで教習生に案内をしていたと思います。

確かに、今の若い人には、電話やメールが届かなくなったと、実際の受付担当者からも聞かれるようになりました。
今の高校生や大学生は、スマホを常時保持しているとはいっても、学校の授業中やバイト中、部活や移動中は、電話にすぐに出られません。

電話は、電話に出たその人の時間と場所を拘束します。

しかし、アプリの「お知らせ機能」を使うと、教習所が教習生に連絡した内容を記録しながら、同時にプッシュ通知機能を利用できます。

プッシュ通知はお客様のスマホ画面上に直接メッセージを送ることができますので、目につきやすく、開封率が非常に高くなります。

また、待ち受け画面やロック中でもメッセージを表示させることができますので、確実に「明日は休校日です」という情報を伝えることができます。

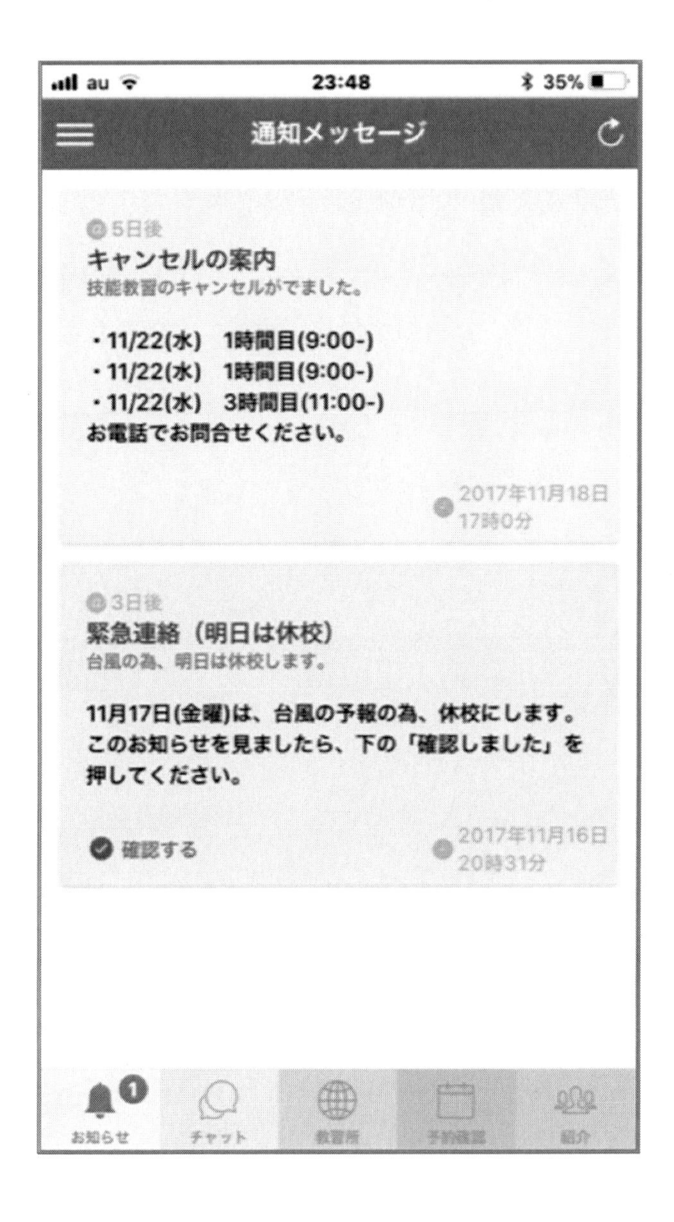

さらにすごいのは、このお知らせ機能では、教習生からの確認を求めることもできます。

例えば、「明日、大雪で休校」のような時でも、明日教習を予定している教習生には確実に連絡し、さらに「確認した」という返事も欲しいものです。「確認が必要なメッセージ」を送付することで、「確認した」という返事も受け取ることができます。

この連絡機能は電話やメールには無い極めて有用な機能で、電話やメールに代わる臨機応変に活用できる連絡方法です。

お知らせ機能

事務所
対象者に
一斉配信
プッシュ通知で
確実な連絡
返事が
できます
確認一覧
□ 山田太郎
☑ 飯田花子
□ 阿部太郎
☑ 伊藤昭雄
☑ 内海翔太
連絡がきていないのは
あと二人！
この仕組みは、もう
手放せないね！！
返事が必要な案内は、
「確認する」というボタンを
押すと、事務所側で見たか
どうかを知ることができます。
通知メッセージ
キャンセルの案内
緊急連絡（明日は休校）

■ チャット機能

「チャット機能」では、教習所と教習生間でメッセージの交換ができます。

例えば、教習生が困った時や質問がある時に、チャットを通じて教習所の事務所に問い合わせをします。

この機能は、ラインのように会話形式で進めることができ、従来のメールより軽い気持ちで発言ができます。また「過去のやりとり」も簡単に見ることができます。

また、教習所から教習生にメッセージを送ったという通知も、「プッシュ通知」でお知らせすることができます。

さらに、担当制の自動車教習所では、担当の職員と教習生がチャットで連絡を取り合うこともできます。

ラインでも、教習生と指導員が直接、連絡を取り合うことができますが、教習生の親が誤解してクレームになることも想定しなければなりません。

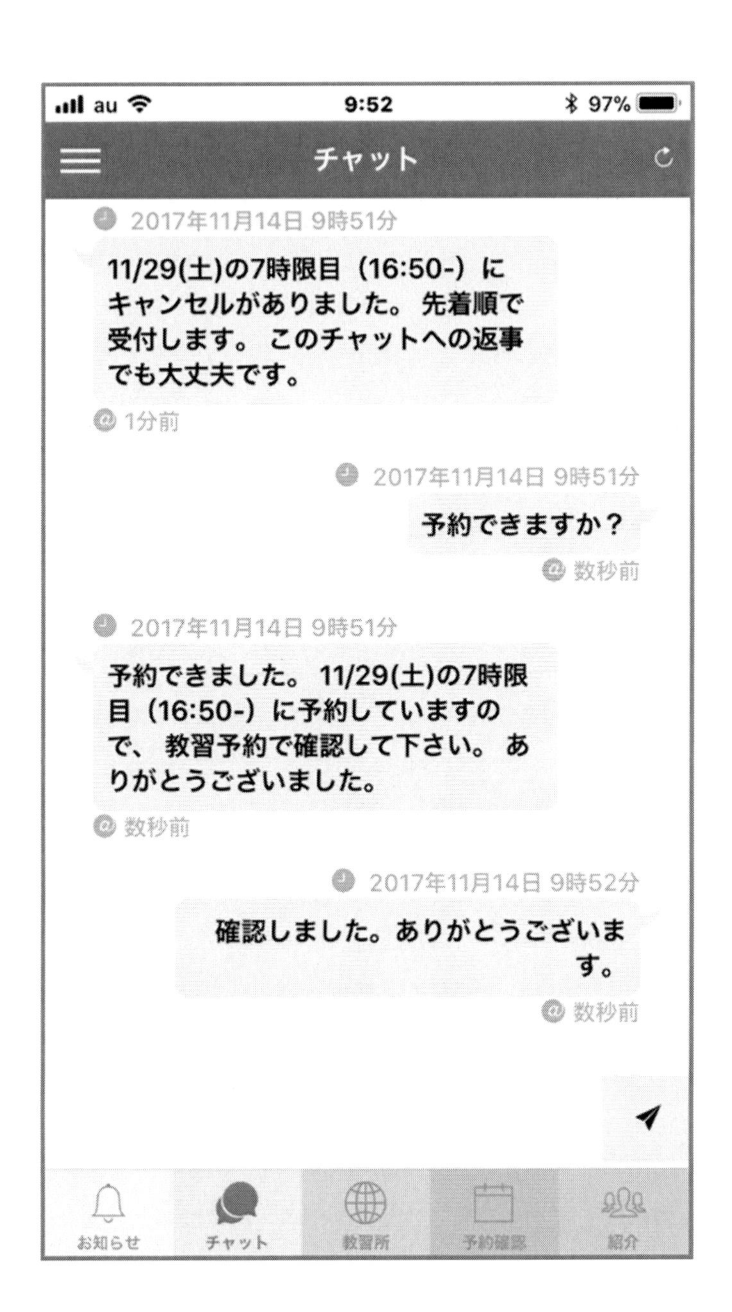
au 9:52 97%
チャット
2017年11月14日 9時51分
11/29(土)の7時限目（16:50-）にキャンセルがありました。先着順で受付します。このチャットへの返事でも大丈夫です。
1分前
2017年11月14日 9時51分
予約できますか？
数秒前
2017年11月14日 9時51分
予約できました。11/29(土)の7時限目（16:50-）に予約していますので、教習予約で確認して下さい。ありがとうございました。
数秒前
2017年11月14日 9時52分
確認しました。ありがとうございます。
数秒前
お知らせ
チャット
教習所
予約確認
紹介

実際に女子高生の教習生と指導員が直接ラインで連絡を取り合っていた教習所で、親が怒鳴り込んできたケースもあります。夜の 12 時過ぎに指導員が翌日の教習予定をラインで女子高生に伝えたところ、たまたま親がすぐ近くにいて「どうしてこんな時間に自動車教習所の先生からラインが来るんだ？」という話になったそうです。

ラインはあくまで「プライベート用」だと考える人が多く、たとえ教習所でもラインＩＤを知られたくないという若者はたくさんいます。

当社のアプリ『エブスマ』は、指導員と教習生の会話を、すべて事務所で記録しますし、いつでも内容を確認することができます。不適切な時間や会話は自動で警告ができるようにもなっていますので、安全面の対策もしっかりとしています。

何よりも「事務所で全ての会話記録を見られるようになっている」ということが、あらかじめすべての職員に周知徹底されていれば、このような問題も起きなくてすみます。

お客様

チャットは
電話より簡単に
情報交換
できます

■　ウェブビュー機能

アプリを起動して、そのアプリの中でスマホ対応のホームページを表示できるのが「ウェブビュー機能」です。

自分の教習所のホームページの特定のページを表示したり、携帯予約サイトや送迎バスの予約サイト、会員専用ページなども表示することができます。
アプリの中に埋め込まれますので、見た目は「アプリの機能」です。

アプリの中から、ホームページが見れるってこと？

はい、実際のコンテンツの中身は、スマホ専用サイトそのものですので、そのスマホ専用サイトが更新されると自動的にアプリの画面に反映されます。
わざわざアプリ自体を更新する必要がないのです。

スマホのホーム画面から、ワンクリックでアプリが起動して、さらにもうワンクリックでスマホ対応のホームページの最新情報が確認できてしまいます。
とっても便利ですよね。

ウェブビュー機能

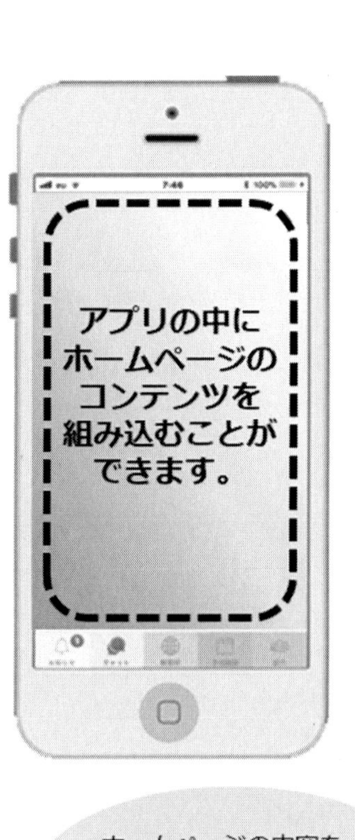

ホームページの内容を
アプリの画面の中に
表示することができます。

■ 自動集客システム

これからは名簿の取得が難しくなり、さらに改正個人情報保護法により、ＤＭや訪問営業が限定的になります。

確かに今後は、ＤＭや訪問営業は難しそうだ

そこで、重要になるのが兄弟や友人からの紹介ということになります。
当社のアプリ『エブスマ』には、友人の紹介機能があります。

例えば、友人を紹介してくれたら１万円の紹介料をプレゼントします。さらにその友人も１万円引きで入校できます。

このようなケースでは、まず「普通車の入校時に１万円引き」というキャンペーンを作成します。
さらに「紹介者には１万円の紹介料をプレゼント」という設定をします。

次に、在校生もしくは卒業生の中で、このキャンペーンに参加できる人を選び、お知らせ機能で一斉に案内します。

この時、参加者全員にそれぞれ固有の「キャンペンコード」を付与します。
キャンペーンの参加者はラインやフェイスブックなどで、このキャンペーンを知人・友人に拡散します。その際に、「キャンペンコード」も一緒に案内してもらいます。

このキャンペーンでは、「入校時に1万円引き」という特典が付いていますので、紹介者はお得な情報として友人や知人、兄弟に案内ができます。

さらに、紹介者は「1万円分」をもらえますので、頑張ってたくさんの人を紹介しようというモチベーションを維持できます。

実際に紹介された方が入校する前に、アプリをダウンロードして「キャンペンコード」を登録します。
このアプリのダウンロードとキャンペンコードの登録が終わり、無事に入校になった場合は、事務所でキャンペーン成功の手続きをします。

「キャンペンコード」には、特典の内容だけでなく、紹介者の情報も埋め込まれていますので、誰が誰を紹介したのか、ということもシステムで正確に管理ができます。

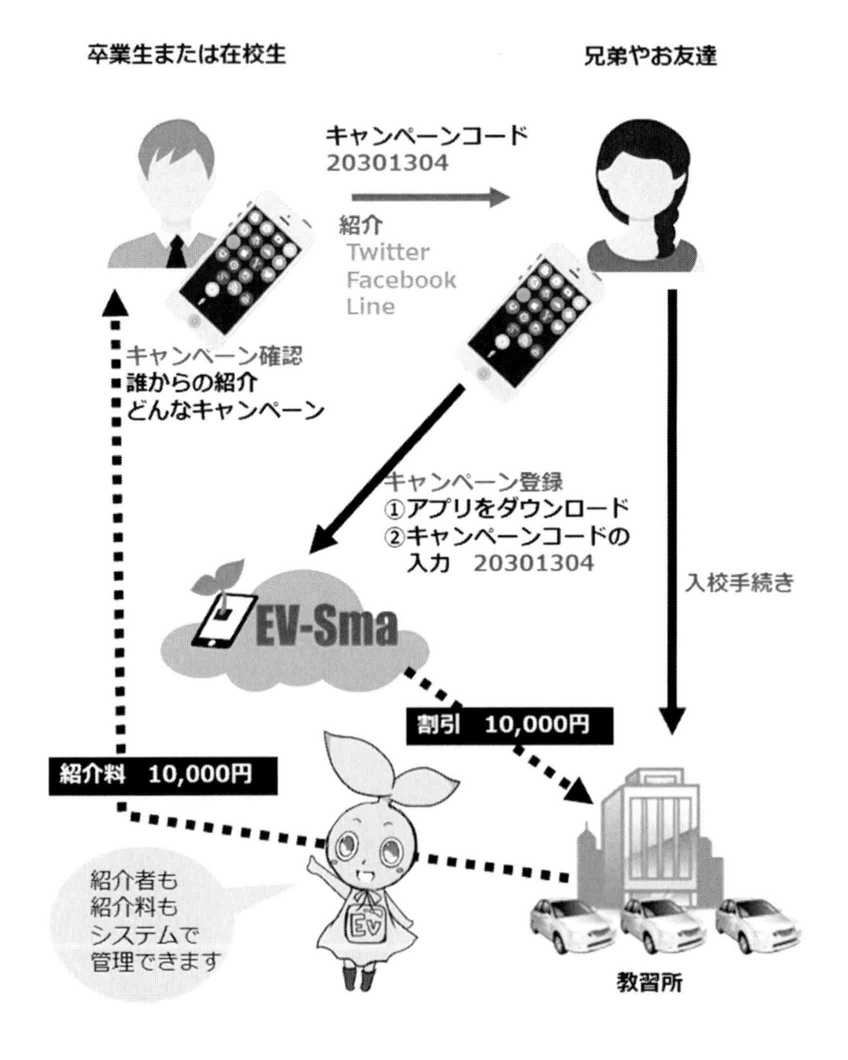
友人紹介機能
卒業生または在校生
兄弟やお友達
キャンペーンコード
20301304
紹介
Twitter
Facebook
Line
キャンペーン確認
誰からの紹介
どんなキャンペーン
キャンペーン登録
①アプリをダウンロード
②キャンペーンコードの
入力　20301304
入校手続き
EV-Sma
割引　10,000円
紹介料　10,000円
紹介者も
紹介料も
システムで
管理できます
教習所

■ ポイント・システム

自動車教習所独自の「ポイント・システム」を運用してみませんか？

自社のポイント・システムを自社開発にすれば何千万円というお金がかかるのでは？

そのとおりです。独自で開発し、運用すれば数千万円から億単位の費用がかかります。このエブリスマホのアプリは当社がすでに開発済みで、クラウド方式で提供しますので、何千万円という金額にはなりません。

クラウド方式で、利用した分だけ料金がかかりますので、費用対効果を見ながら、利用することができます。

通常の紹介システムでは、クーポン券や値引き、キャッシュバックが特典になりますが、その代わりにポイントにすることで紹介システムをよりたくさんの方に、もっと気軽に利用していただくことができます。

例えば、「紹介料が１人につき１万円」だったとします。ある高校生が 10 人、紹介したとすると、その高校生に 10 万円のキャッシュバックが発生します。

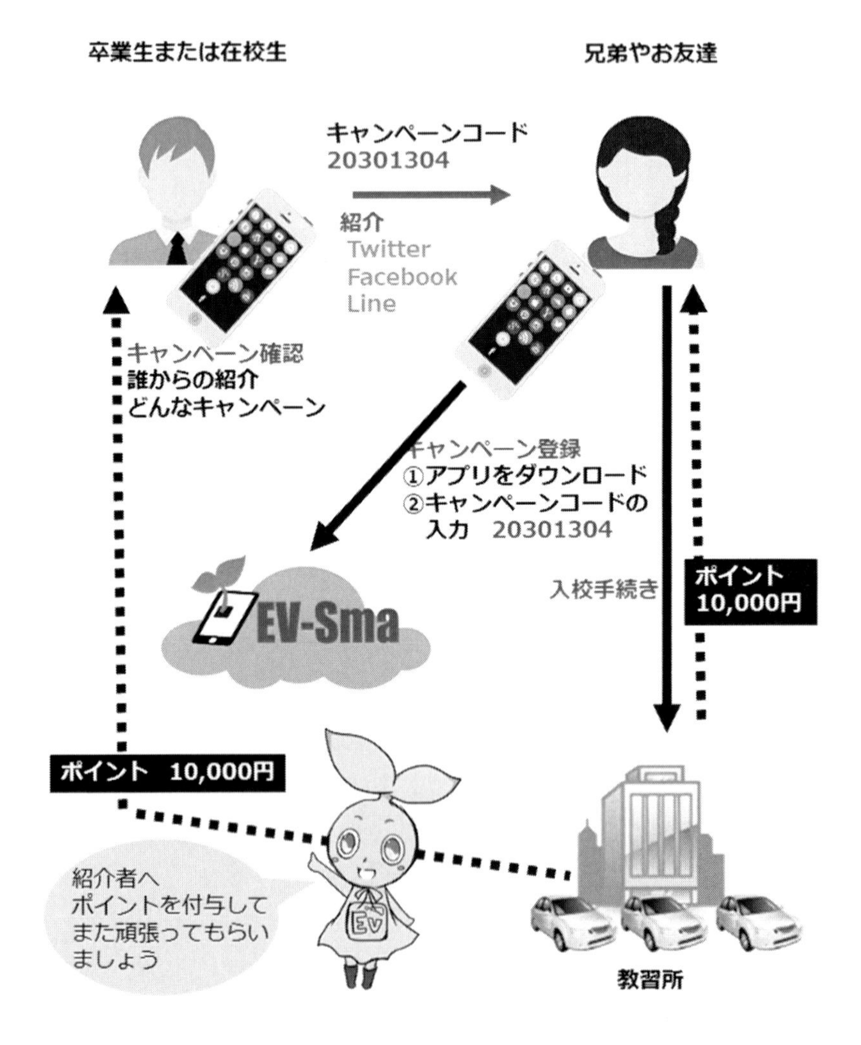
ポイント・システム
卒業生または在校生
兄弟やお友達
キャンペーンコード
20301304
紹介
Twitter
Facebook
Line
キャンペーン確認
誰からの紹介
どんなキャンペーン
キャンペーン登録
①アプリをダウンロード
②キャンペーンコードの
入力 20301304
EV-Sma
入校手続き
ポイント
10,000円
ポイント 10,000円
紹介者へ
ポイントを付与して
また頑張ってもらい
ましょう
Ev
教習所

エブリスマホのポイント・システムだと、貯まったポイントをコンビニで利用できるカードに交換できますので、教習生にとっては現金のようなものですし、教習所にとっても管理が簡単です。

高校生の場合、教習料金は親が払うケースが多いと思います。

30 万円の教習料金の場合、教習料金の 2 万円の値引と、教習料金を値引せず 2 万円のポイント付与のどちらが良いでしょうか？

うーん！
値引とポイントは同じようなものでは？

値引だと親の負担は減りますが、高校生本人は何のメリットもありません。一方、ポイントは高校生本人に付与できますので、自由に利用できるようになります。

つまり、高校生の場合、お金を払う人（親など）とサービスを受ける人（教習生）が違いますので、ポイント還元の方が、メリットが大きいのです。

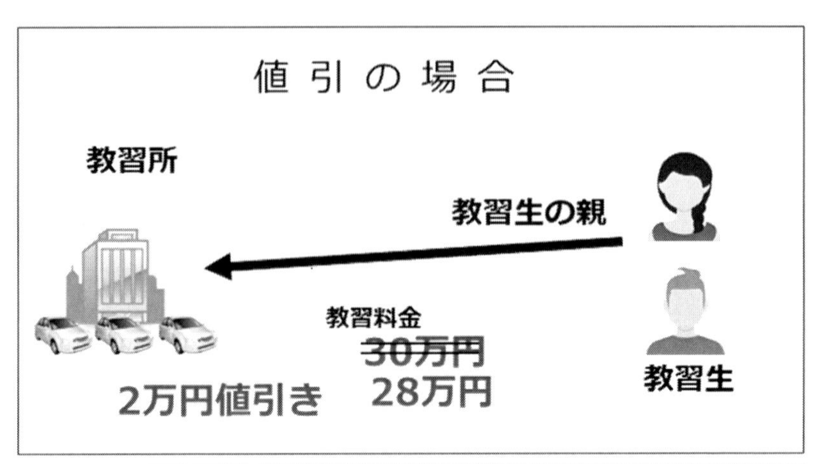
値引の場合
教習所
教習生の親
教習料金
30万円
28万円
2万円値引き
教習生

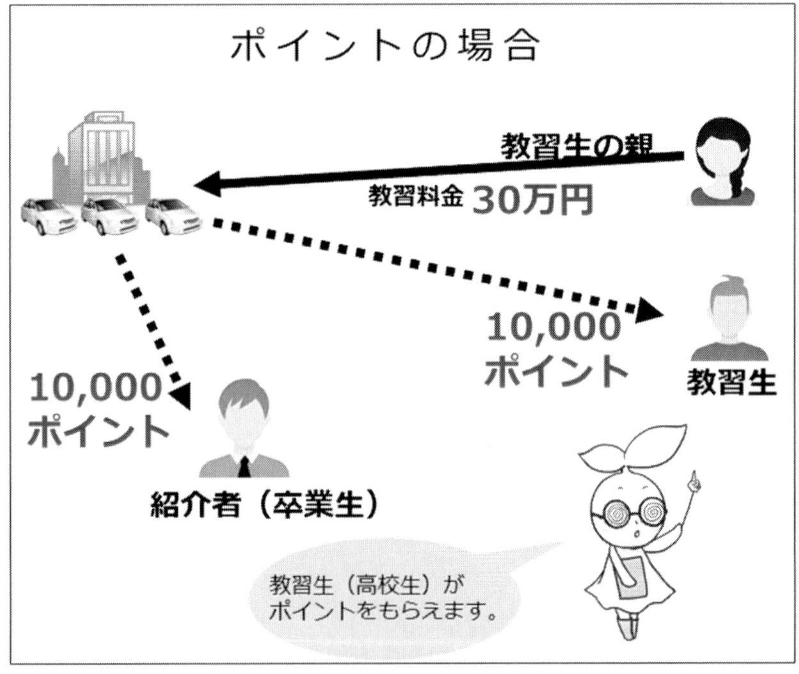
ポイントの場合
教習生の親
教習料金 30万円
10,000
ポイント
教習生
10,000
ポイント
紹介者（卒業生）
教習生（高校生）が
ポイントをもらえます。

30 万円の教習料金に対して「2 万円の値引き」をする代わりに、定価は据え置いて、「高校生の教習生に 1 万ポイント（1 万円分）を付与」します。高校生は、このポイントを例えば「クオカード　1 万円分」に交換できますので、コンビニで自由に買い物ができる「おこづかい」になります。

また、この高校生を紹介してくれた卒業生にも 1 万ポイント（1 万円分）を紹介のお礼として付与します。ポイントを付けてもらった卒業生は、喜んで、また頑張って他の友人等を紹介しようと思うはずです。

今の中学生、高校生は、スマホを持っているだけで簡単に、「ブロガー」や「ユーチューバー」になることができ、うまくいけば、その広告収入でお小遣い稼ぎができます。

また、「メルカリ」などのネットフリーマーケットサービスを通じて、自分の服などを売り、サービス内でのポイントに変換した後に、さらに現金化してお小遣いを稼ぐことも容易です。

何が言いたいかと言いますと、スマホで簡単にお小遣い稼ぎができ、「ポイントとして目に見えないところでたまっていくことに対して全く抵抗がない」ので、このようなポイント・システムは若者が受け入れやすいということです。

自動車教習所でも、この仕組みを上手に活用できれば、集客を自動化でき、大学生協やネットあっせん業者の「依存度」を下げることができると思います。

■ ポイントの具体例

それでは、ポイント・システムによる紹介キャンペーンの具体的な内容を説明します。

【例１：港町大学生　佐藤さん】
港町大学生の佐藤さんは、11 万ポイント（11 万円分）を貯めることができました。

下の図のように、佐藤さんは、キャンペーンで自分自身の入校時に 3 万ポイント。さらに友達を 6 人紹介して、合計で 6 万ポイントが加算されました。そして、その紹介した 6 人がさらに 10 人を紹介してくれましたので、2 万ポイントが付与されました（紹介の紹介の場合、1 人につき 2,000 ポイントが付与される［1 回きりとする］）。
すべてを合計すると、11 万ポイントをためたことになります

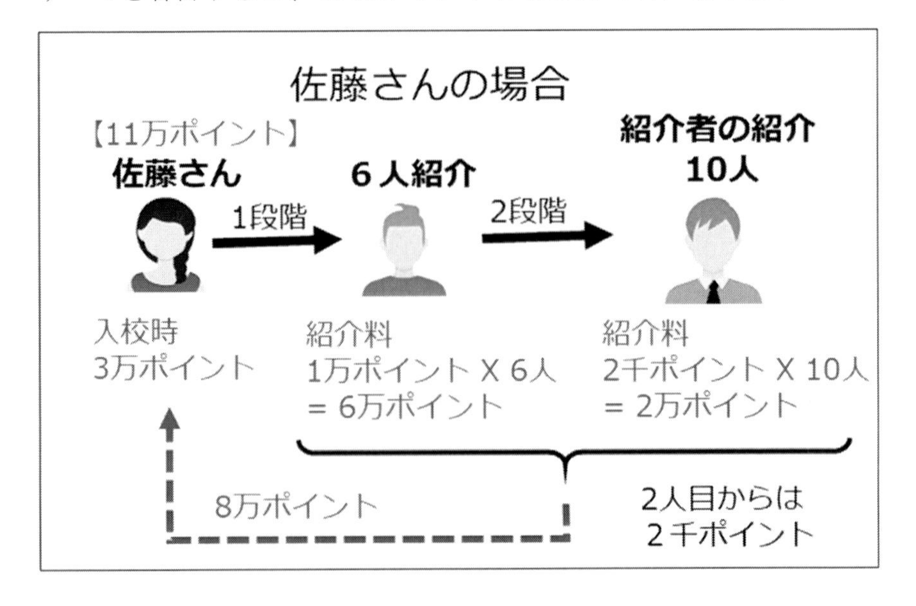

佐藤さんは教習料金 30 万円をローンで支払いました。
佐藤さんが貯めた 11 万ポイントは、港町自動車学校の卒業時に 11 万円のクオカードに交換して、買い物にも使えるようにしました。
クオカードは、コンビニで現金のように利用できるカードです。佐藤さんは、30 万円の教習料金から 11 万円引きで、実質 19 万円の教習料金になったことになります。

【例 2：港町商業高校　山下君】

山下君は、港町商業高校 3 年生です。
自分の入校時に 1 万ポイントが付いて、さらに同級生 11 人を紹介しましたので、合計 11 万ポイントが付いています。さらにその 11 人が、全部で 10 人も紹介してくれましたので、2 万ポイントが貯まりました。
結局、下の図のように 13 万ポイント（13 万円分）が貯まりました。

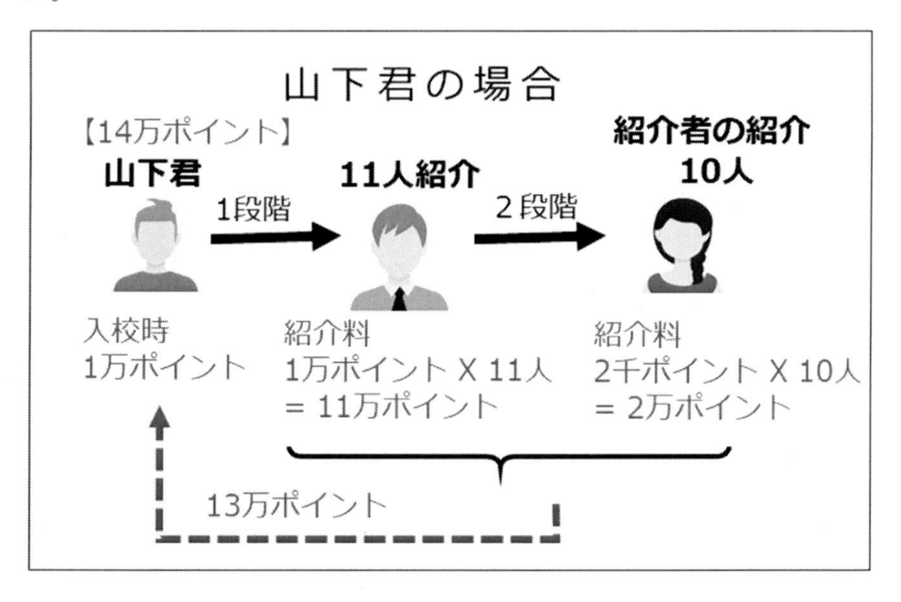

山下君の教習料金 30 万円は、親が全額支払い、山下君は卒業時に 14 万円のクオカードを受け取りました。

高校生にとっては、かなりの金額です。

当社の自動集客アプリ「エブスマ」は、入学時のポイント付与だけでなく、紹介者にもポイントを付与できる仕組みになっています。また、ポイントも 100 円あたり 1 ポイントなどの決まりはなく、教習所で自由に設定できます。

キャンペーンの対象者、時期などによって、ポイント数を変更するようなこともできる非常に便利なシステムとなっています。

■ ポイント導入時の注意点

ポイントによる紹介システムを導入する際には、色々な注意が必要です。

確かに、ポイントは効果がありそうだ。
でも、これっていわゆるネズミ講になってしまうんじゃないの？

おっしゃる通りで、このポイントを利用した紹介システムでは、紹介者と被紹介者に対して何の条件もつけないと、無制限にポイントが入ってしまうような、特定商取引法で禁止されている無限連鎖販売取引（いわゆるねずみ構）と誤解される可能性があります。

ここで大事になってくるのが連鎖販売取引を防止する管理システムです。「エブスマ」の紹介システムでは、誰がどういう関係で紹介したかまで管理が出来ますので、無限にポイントを獲得できるようなことにはなりません。

また、制限のかけ方もその教習所に合った設定ができますので、先ほどの山下君の例で言いますと、紹介者の紹介 10 人分までは 1 人当たり 2,000 ポイント入りますが、その 10 人が更に新たに紹介をしても管理システムによって制限がかかり、山下君にはポイントは入りません。

この場合、2 段階までの紹介が可能な設定にしておけば、健全なポイント・システムになります。

なるほど、やっとポイント・システムがすごいことが理解できた・・・

そうです。今の若い方には、効果があると思います。

ただし、どんなにシステムが良くても、使い方次第です。ポイントをただあげているだけだと、かえって損する可能性があります。

私の会社は、システムの提供だけでなく、キャンペーンの効果の分析やポイントによる紹介キャンペーン方法のコンサルティングも行っていますので、導入を検討しようか迷っている段階でも、ぜひご相談ください。

このポイント・システムは、競合校より先に始めて、卒業生・在校生に営業マンになってもらい、早くその地域でのシェアをとることが重要です。

早めの決断が、これからの勝負の分かれ目になります。

第５章 【解説】いつでも、どこでも、なんでも、スマホ？

本章では、今の若い方の消費行動や生活環境を知るために、スマホがいかに身近な存在にあるかを解説します。

■ いつでも、どこでも、なんでも、スマホ

ガラケー時代にはなかった高い「依存率」こそがスマホの凄い点です。

まずは、どんな機能がスマホの「依存率」を上げているのか、考えてみましょう。

例えば、私は朝、枕元においたスマホのアラームで起きて、スマホの中にあるカレンダー機能でその日の予定を確認します。
通学や通勤中はスマホにイヤフォンをつないで音楽を聴き、スマホで気になるニュースを読みます。
その間、もちろん、ライン（LINE）やツイッター（Twitter）などの連絡機能もしっかりと確認します。

学生の場合は特に、「ストア」から無料のゲームソフトを取得し、

ゲーム端末としてもスマホを利用しています。ゲームをやりだすと、スマホをのぞく時間は必然的に増えていきます。

さらに私は、お風呂に入るときにもスマホを持ち込みます。高校生の弟も持ち込んでいますし、友人からラインで「今お風呂に入っているから後で連絡するね」なんてメッセージが来たりします。

いつでも、
どこでも、
なんでも、
スマホ！
1
Ev

スマホで動画を見るのもお手のモノです。お風呂テレビ、というものが一時期はやりましたが、そんなニッチなニーズにさえも簡単に応えられてしまうのがスマホなんです。

これらのことは、少し注意して電車やバスの中を見渡せば、直ぐにわかります。
多くの人が一様に、小さな画面を見つめているはずです。

そんな長時間、彼らはスマホで何をしているの？

他人の画面をのぞくわけにはいかないですし、身近にスマホ利用者がいないと当然出てくる質問ですね。
答えはたくさんあるのですが、その中の多くは友達とライン（LINE）をしたり、ユーチューブ（YouTube）で動画を見たり、ゲームをしています。
他にも、ニュースサイトを見たり、ツイッター（Twitter）で情報集めをしたりしています。

情報集めの最中で特に気になった事はすぐにグーグル（Google）で調べて、アマゾン（Amazon）でその場で買い物する人もいるかもしれません。
かくいう私も、だいたい週に一回は、アマゾンで通販を利用するくらいのヘビーユーザーです。

まるで、パソコンのような使い方だね

そうなんです！　スマホはガラケーと違います。電話ができる超小型高性能パソコンだと思ってください。

長々と書きましたが、言いたいことは、とにかく、「いつでも、どこでも、なんでも」スマホで利用できる、ということです。

若い人にとって、「スマホが生活の一部になっている」という事実を知ることがまずは重要な足がかりになります。

■ スマホの登場

前段でスマホのことをわがもの顔で語りましたが、それは私が人よりちょっと早く、スマホを手にしていたからにほかなりません。

スマホ機能の変遷も実体験でよく理解しています。だからこそ今胸を張って、「スマホを利用しないと！」とお勧めしています。

スマホが普及したのは、最近だよね？

はい。それではここで改めて、スマホの歴史を振り返ってみましょう。

私が生まれた 1994 年は、携帯電話が一般に普及する前でした。

高価な自動車電話が、ほんの一部の高級車に取り付けられていましたが、一般的にはまだポケベルの時代だったそうです。
私が 3 歳の頃、父が仕事で携帯電話を所持するようになりましたが、その当時、周りに携帯電話を持っている人は、ほとんどいなかったそうです。
その頃の携帯電話は、大きくて、重くて、電波が届く範囲も限られていました。
携帯電話は便利でしたが、まだまだ高額な上に使い勝手が悪く、ビジネスマンだけでなく主婦や学生まで普及するのは 2000 年以降です。

それが今では日本の人口 1 億 2 千万人に対して、携帯電話の加入数は 1 億 6 千万回線になりました。
ひとりで 2 回線以上の契約している人もいますが、赤ちゃんや寝たきりのお年寄りなどもいますので、かなりの普及率になりますよね。

そして、10 年前にはすでに携帯電話の契約数は 1 億回線を突破していましたので、そこから今日までに、携帯を持っていた人のほとんどがスマホになっているというのが現実です。

スマホになって、どれくらい？

この本の冒頭でも出て来ましたが、正確には 2008 年に初めて「iPhone3」が日本に上陸しました。

当時私は中学生で、発売直後にアイフォーンに機種変更をしましたが、初めて手にした感動は今でも忘れることができません。

それまでも携帯（ガラケー）は使っていましたが、スマホは全くの別物でした。

小さいけれども、ずっしりと重く、美しいデザイン、何よりもタッチパネルのきれいな画面とタッチによる操作、これが自分専用のものになるという感覚は当時、多くの人に衝撃を与えたと思います。それまでのガラケーとは全く異次元の世界に私を案内してくれたのです。

その「iPhone3」登場によって、日本でスマホ時代がスタートし、今年で 10 年目を迎えました。

スマホの登場から、もう 10 年も経つのだね

もう 10 年、されど 10 年。ここまでのスマホ依存時代が到来すると考えた人は少ないのではないのでしょうか。

いずれにしても、2018 年 1 月時点で、20 代のスマホ普及率が 94%を超えるまでになりました。

着実にスマホは、人々の暮らしに浸透しているのです。

そして、スマホの歴史は 10 年ですが、私のスマホ利用歴も 10 年です。

私は、中学校でアニメ研究会に所属し、初めて本格的にパソコンを利用してオリジナルアニメーションを作成しました。

イラストも鉛筆でもボールペンでもなく、ペンタブレットという専用のツールを取り付け、そこで描画していました。

実はこの本のキャラクターであるスマホの妖精『エブちゃん』も私が創り出しました。

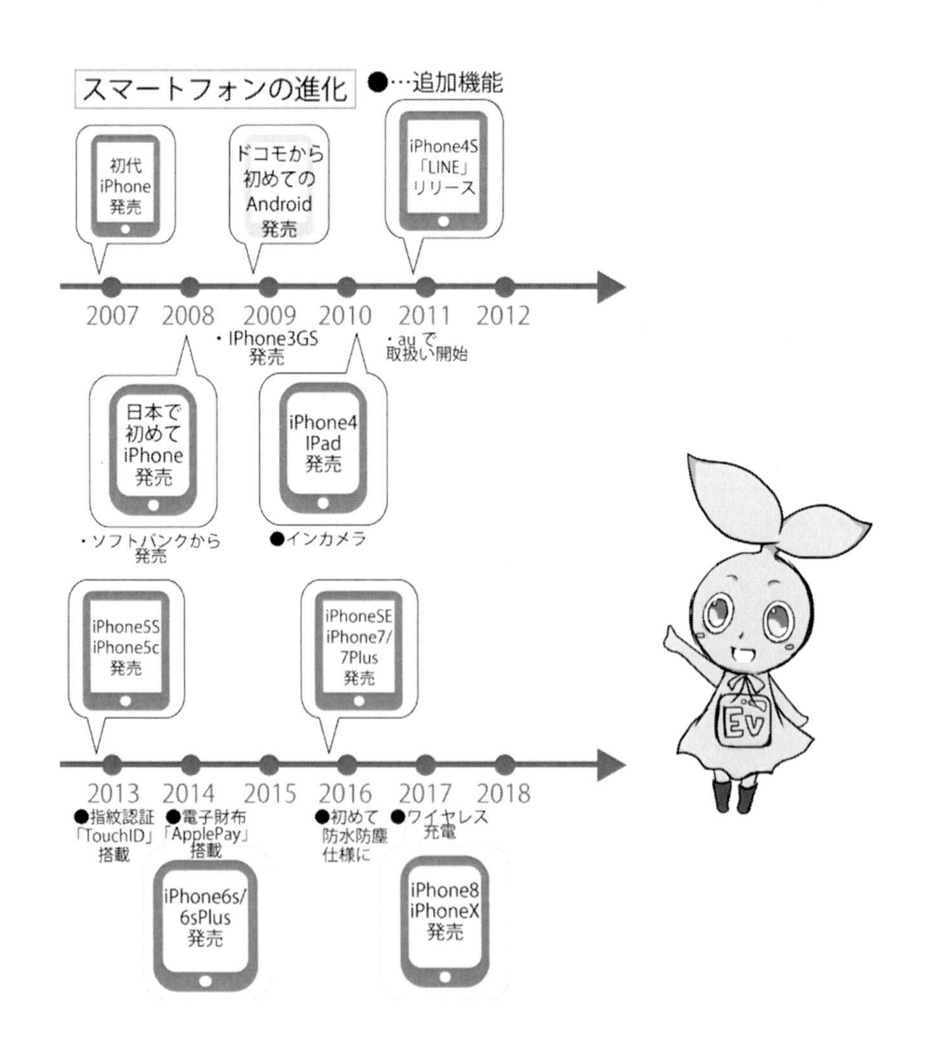

そのうち、イラストレーター（Illustrator）やフォトショップ（Photoshop）といったプロ向けのデザインソフトも使いこなすようになりました。

スマホは、アイフォーンだけでなく、アンドロイド（Android）を使用していたこともあります。

大学では、経営学部でマーケティングの勉強をしていますが、ウインドウズ（Windows）パソコンとアイパッド（iPad）を利用していました。

私が起業したスマホ・アプリ開発会社では、ウインドウズパソコンとMacパソコンの両方を使っています。

つまり、私自身が、アイフォーン、アンドロイドのスマホの利用者であり、ウインドウズパソコンとMacパソコンの利用者でもあります。

立派なスマホの達人だね？

そうですね。半生をスマホと共に過ごしているも同然ですので、スマホの達人かもしれません。

しかし、だからと言って私が特殊なわけではありません。似たような状況にある若者が増えています。毎日、数時間、スマホと向き合っている若い人がたくさんいます。それは今までお話しした「スマホの普及率」や「街中の景色」が証明してくれています。

第６章

【解説】スマホの説明

ここで改めて、スマホのお話をさせてください。この章を読んでいただければ、スマホで何ができるかということが良く分かるようになると思います。

■　スマホの種類

スマホは、２つの種類があります。

アイフォーンとアンドロイドの２種類です。厳密にはマイクロソフト社のウィンドウズフォンというのがありますが、日本ではごくごく少数派ですので、ここでは２つに絞って説明します。

スマホと言えば、アイフォーンとアンドロイドの２種類だね？

はい、そうです。
アイフォーンは、アメリカのアップル社が販売するスマホです。

アイフォーン
iOS

アンドロイド
アンドロイドOS

スマホは
OSがないと
動きません
アイフォーンはiOS
アンドロイドは
アンドロイドOSを
利用しています

ハードウェア、ソフトウェアを一体型でアップル社が提供しており、OS は iOS と言い、ハードウェアはアップル社が製造したものしかありません。

一方、アンドロイドはアメリカのグーグル社が提供するスマホ用の OS を搭載したスマホです。ソニーやシャープ、韓国のサムスンなど、色々なスマホのメーカーが製造したハードウェアが販売されています。

ここで出た OS とは、オペレーティング・システムのことですが、コンピュータを動かすための基本ソフトのことです。

今のパソコンやスマホは、OS が無いと動かないの？

そのとおりです。

アイフォーンの OS は iOS、アンドロイド・スマホの OS はアンドロイド OS です。それぞれ、ハードウェアとセットで利用できますので、例えばアンドロイド OS は、アイフォーン用の機器（スマホ本体）では動きません。

そして、アップルの iOS はアイフォーンとアイパッド（iPad）の 2 つの商品があります。iOS が利用できるハードウェアを提供しているのはアップル社だけです。

アンドロイド OS は、無償で誰でも利用できる「オープンソース」です。ソニーやシャープなどのアンドロイド・スマホなどに利用されています。アンドロイド OS は、世界中のスマホ・メーカーで採用されていることもあり、世界シェア NO.1 の OS です。

世界的にみると、アンドロイド OS と iOS、その他のシェアを比較すると、7:2:1 です。圧倒的に、アンドロイド OS のシェアが iOS に勝っています。

一方、日本国内のスマホの比率は、アンドロイド OS と iOS では、3:7 です。
逆に圧倒的に iOS が人気です。

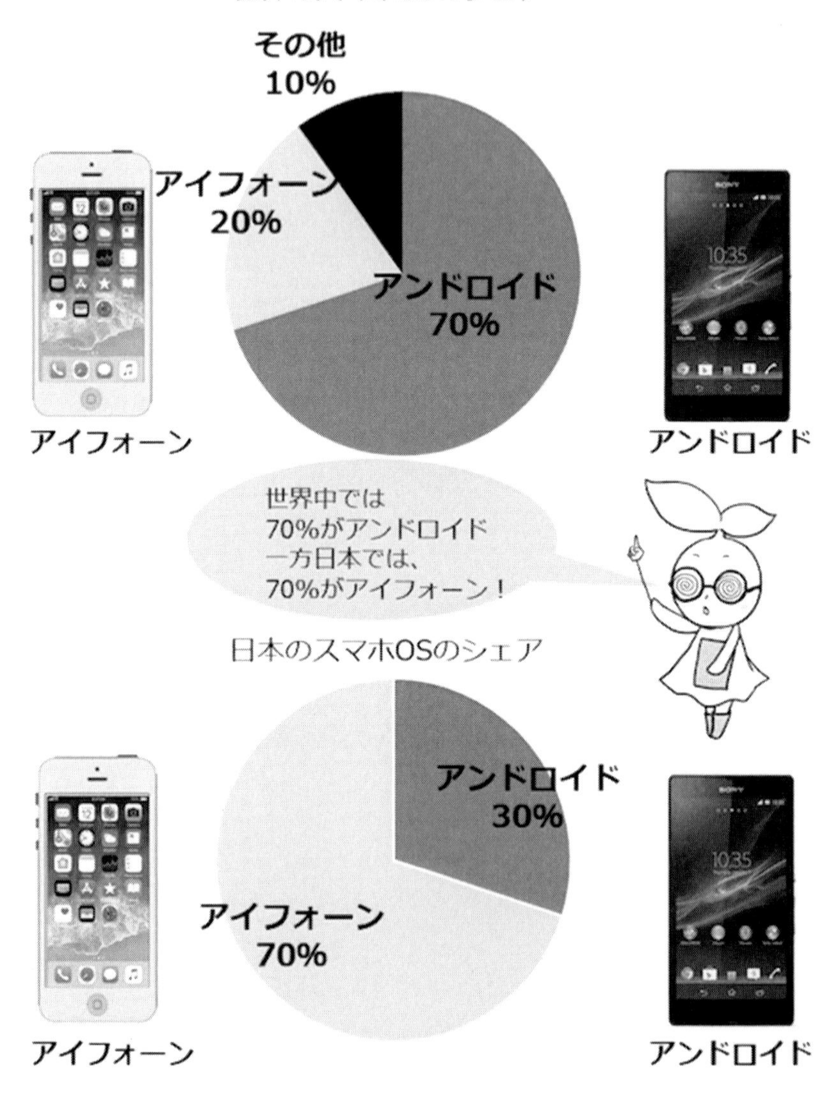
世界のスマホOSのシェア
その他
10%
アイフォーン
20%
アンドロイド
70%
アイフォーン
アンドロイド
世界中では
70%がアンドロイド
一方日本では、
70%がアイフォーン！
日本のスマホOSのシェア
アンドロイド
30%
アイフォーン
70%
アイフォーン
アンドロイド

日本ではアイフォーンが圧倒的に人気なんだね

そうです。日本でアイフォーンの人気が高いのは、デザインや機能もありますが、日本人が比較的ブランドものが好きだったり、多様な種類のアンドロイドよりも皆と同じアイフォーンを使いたいという、大衆文化の表れだったりするかもしれません。

また、アイフォーンは他の国に比べると、日本では買いやすいということもあります。

アイフォーンは、アメリカの販売価格 1000 ドル（約 12 万円）を基準にして、世界各国でほぼ同じ金額（1000 ドル以上）で販売されています。日本では、さらに携帯電話の購入時に、スマホ本体（機器）の購入は、割賦販売方式をとります。毎月、毎月、スマホ本体代を 2 年間で支払います。「初期費用がかからない」ことで、購入の敷居を低くしています。

スマホは大体、2 年で買い換えます。2 年しか利用しないものに、12 万円をだす財力が今の日本人にはあっても、他の国の人には難しいのでしょうね。

アイフォーンとアンドロイドの 2 種類の対応が必要になるの？

そうですね。スマホにはアイフォーンとアンドロイドの 2 種類あって、どちらも利用者がいて、2 つ分の対策が必要だということです。

■　アプリとは？

スマホ上で動くソフトウェアのことを、「アプリ」と言います。

パソコンで動くソフトウェアは、「ソフト」と呼んでいたと思います。
皆さんが今使っているパソコンで動くエクセルやワード、イラストレーターやフォトショップなどが「ソフト」になります。

ソフトとアプリは別ものなの？

はい、パソコンの「ソフト」と、スマホで動く「アプリ」は全く別のものです。
そして、この「アプリ」は、先程お話した OS が違えば、同様に別のものになります。

それじゃ、アイフォーン用のアプリは、
アンドロイドで動かないんだね

そうです。

例えばラインは、iOS用とアンドロイドOS用の2種類のアプリが用意されています。

有名なアプリのほとんどが、iOS用とアンドロイドOS用の2種類のアプリをそれぞれ用意しているのです。

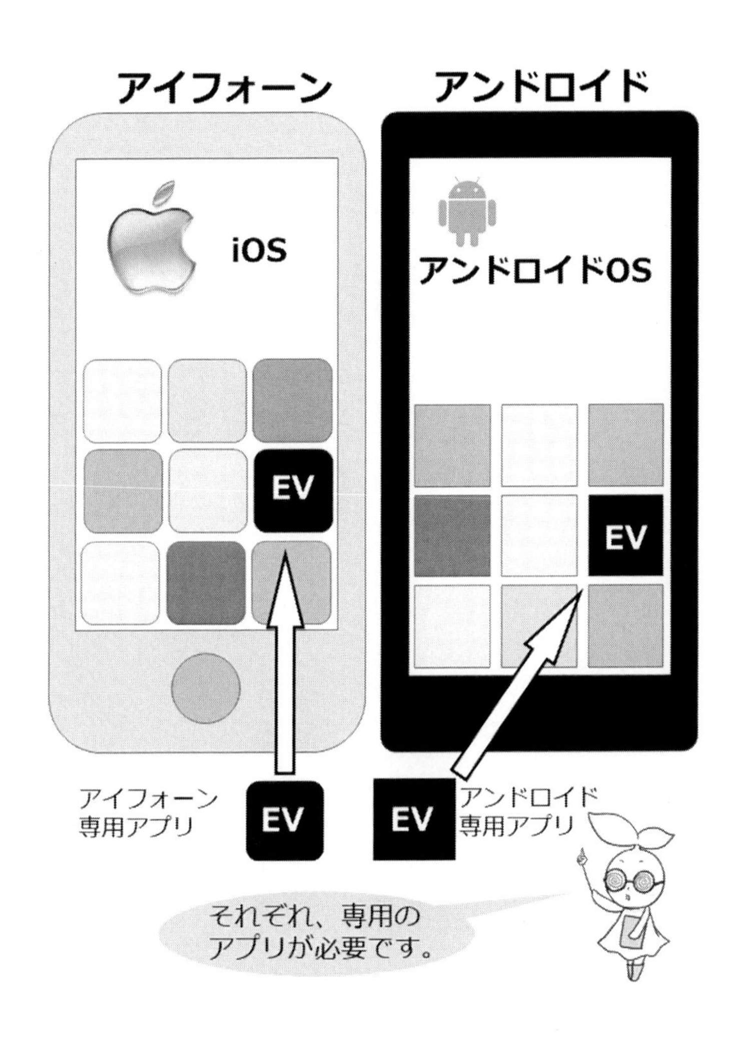

■ ストアとは？

スマホの特徴として、「ストア」というものがあります。

そうです。字のとおり、「お店」なんですが、何のお店かと言いますと、スマホで利用する「アプリを購入するためのネット上のお店」です。

アイフォーンであれば「App ストア」、アンドロイドであれば「グーグル・プレイ」がストアになります。

このストアからアプリをスマホにセットアップすることを、「アプリをダウンロードする」と言います。または、単に「ダウンロード」とも言います。

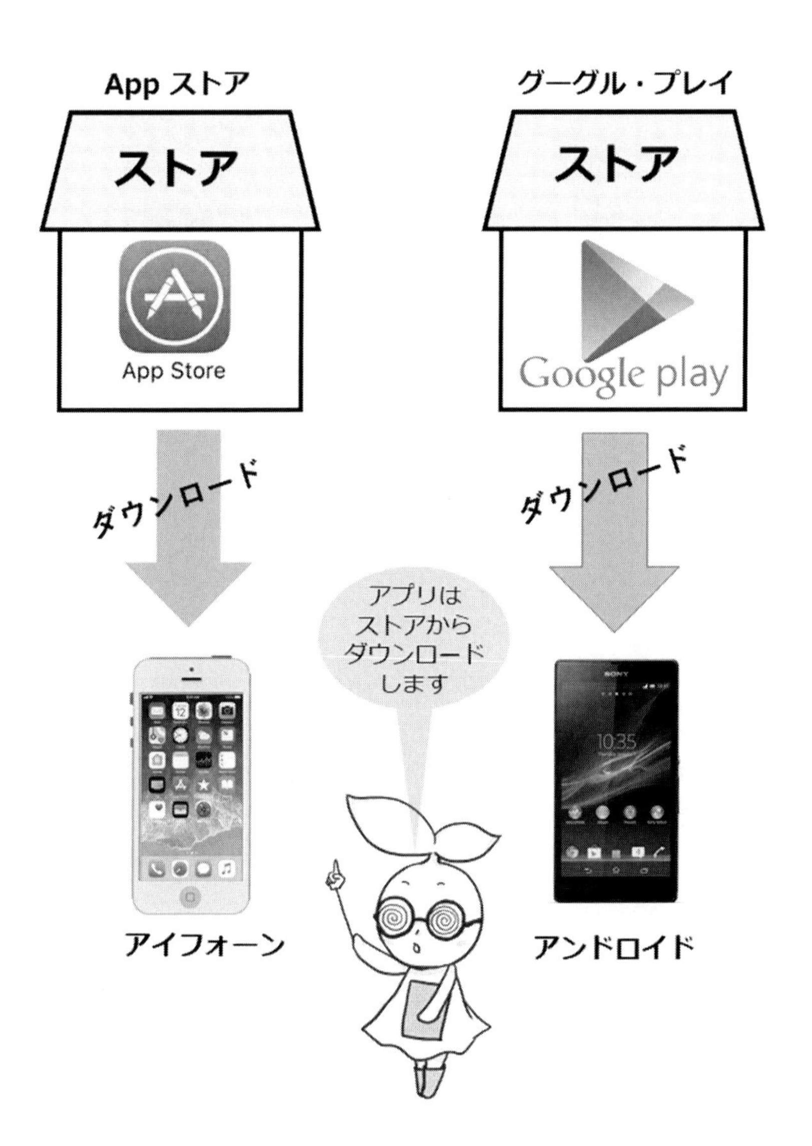
App ストア
ストア
App Store
グーグル・プレイ
ストア
Google play
ダウンロード
ダウンロード
アプリは
ストアから
ダウンロード
します
アイフォーン
アンドロイド

ストアからアプリのダウンロードには、つまりアプリの購入時にはいくつかの方法と段階があります。

1つは、「完全無料」のものです。
これはチェーン店の公式アプリに多いタイプで、ダウンロードから利用まで完全無料で、料金の一切かからないものです。
そのアプリの内容は、お店のキャンペーン案内や簡易的な「スタンプ・ポイントカード」、「クーポン発行」などです。
ほとんどは大手企業が独自で開発したアプリなので、利用者に課金要素が一切ありません。
今までお財布の中でかさばっていた、紙のポイントカードやクーポンがアプリに移行した、と考えてもらえればわかりやすいですよね。

2つ目の方法は、ダウンロードは無料ですが、利用していく中で課金要素がある場合です。

「課金」とは、料金を課すことですが、アプリでいう課金はアプリ内の利用に対して「料金」を払うことです。

大抵の場合、その課金対象は形のないものになります。ゲームでよく利用されていますが、ゲームをより円滑に進めるため、色々な有料アイテム（武器やコインなど）を購入できます。その際に、利用者はアプリ内で購入の手続きをします。アイチューンズカードやグーグルプレイカードのプリペイドカードを利用するか、またはクレジットカードでの決済など、簡単な手続きで購入できるようになっています。

ゲームに限らず、あのラインにも「課金の仕組み」があります。

ラインは無料では？

いいえ。ラインのアプリはダウンロードをして、チャットやメッセージだけを利用する場合は無料ですが、「スタンプ」や「着せ替え」は有料で提供されています。
有名なアニメ作品やキャラクターとコラボした有料スタンプ、個人が制作した割安な有料スタンプなど購入できます。ラインを使う若者は、「有料スタンプ」を普通に購入して、利用しています。

これらの有料アプリは、アイフォーンの場合、App ストアからダウンロードする際に「App 内課金あり(アプリ内課金あり)」という注意書きがありますので、事前に見分けることが可能です。

3つ目が、有料アプリです。
アプリのダウンロード自体にお金が必要なもので、ストアからダウンロードする際に、最初に金額の確認があります。

わかりやすく言うと、アプリを買い取るようなイメージになります。
主に完結型のゲームや、高機能な画像処理ソフト、仕事効率化アプリ、無料アプリのプレミアム版などがあります。

基本的にこれらの有料アプリは売りきり型と月額利用料の2種類になります。気を付けないといけないのは、月額利用の場合「定期利用」と記載していますが、一度、ダウンロードすると自分が解約するまで毎月課金されるので、注意が必要です。

さらに、有料アプリでも「App 内課金あり(アプリ内課金あり)」もあります。

アップル社では、課金について、次の4つに分類しています。

①消費型　②非消費型　③継続無しの購読　④自動更新購読

①の消費型は、「App 内課金あり」であり、ゲームのコインやアイテム購入など必要時に毎回、料金が発生します。
②の非消費型は、広告の削除やキャラクターの追加など1回きりのものです。
③の継続無しの購読は、一定期間の定期購読などです。契約期間を過ぎると利用できなくなります。もちろん、再度の購入はできます。
④の自動更新購読は、新聞や雑誌を定期購読することができ、満期になると自動更新されます。

アプリは無料のものと、有料のものがあるんだね

はい。ここまでそれぞれのアプリの購入方法を説明しましたが、購入の際には、必ずストアからダウンロードしなければなりません。それ以外のアプリの利用は、現在のところ無いと思ってください。（開発者向けの方法はありますが、説明を省きます）

スマホの場合、自分で開発したアプリ（ソフト）を、勝手にスマホにセットアップして利用することができない仕組みになっています。

なので、自作のアプリを配布したい場合は、必ず、対応 OS のストアに登録して、そこから利用者にダウンロードしてもらうことが必要です。

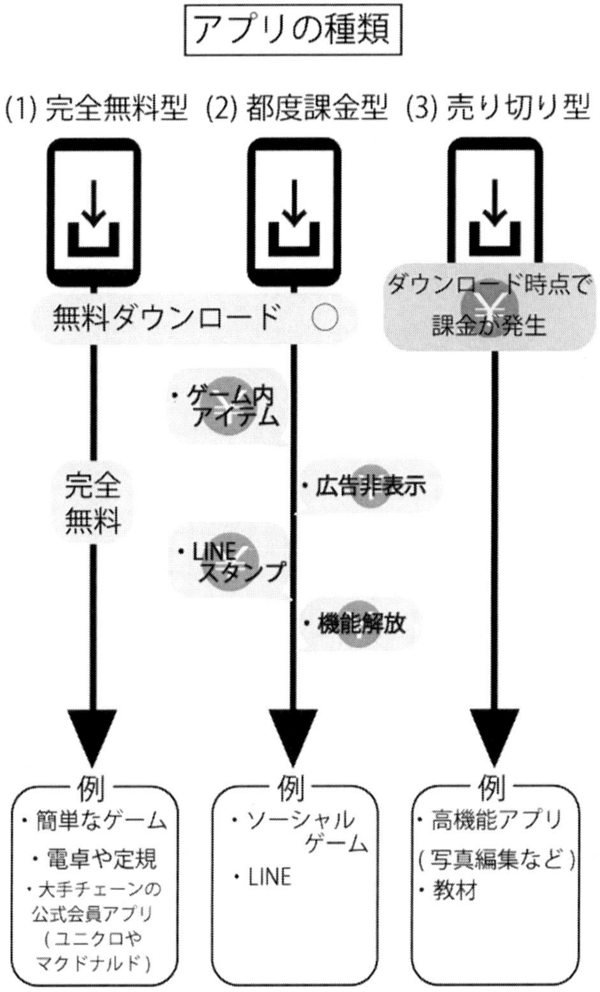

アプリの種類

(1) 完全無料型　(2) 都度課金型　(3) 売り切り型

無料ダウンロード　○

ダウンロード時点で
課金が発生

・ゲーム内
アイテム

完全
無料

・広告非表示

・LINE
スタンプ

・機能解放

例
・簡単なゲーム
・電卓や定規
・大手チェーンの
公式会員アプリ
(ユニクロや
マクドナルド)

例
・ソーシャル
ゲーム
・LINE

例
・高機能アプリ
(写真編集など)
・教材

■ ホームページのスマホ対応

スマホには、「インターネットブラウザ」というアプリが購入時から標準搭載されています。

アイフォーンならサファリ（Safari）、アンドロイドならクローム（Chrome）です。スマホでホームページを閲覧する場合、このブラウザ・アプリを利用しています。

これまで、ホームページは大企業に限らず、小売店、個人でも簡単に作れましたので、たくさんのホームページがインターネット上に作られました。今では、ホームページの無い教習所やお店、企業は、信用できないくらい、重要なものになっています。
従来のホームページは、パソコンで見ることを前提に作られましたので、横長の作りです。

ではここで質問です。パソコン用ホームページをスマホで閲覧しようとした場合、どのような見え方になるでしょうか？

パソコンで見るのと同じではないの？

やっぱり、そう思いますよね。

それでは、さらに質問です。

画面に出ている文字は見やすいですか？
文字が小さすぎて見えなくありませんか？

変なところが拡大されていたり、上下左右に不自然にするすると動いてしまったりで、見にくくはありませんか？

そう言われると、字が小さくて、見づらい

そうですよね。スマホ対応をしていないホームページをスマホで見ると、普通は、あの小さな画面にパソコン用のホームページが縮小されて表示されます。

文字がものすごく小さかったり、変な部分だけ拡大されていたりして読みづらくなります。パソコンで見ることだけを想定されたホームページは非常に見づらいのです。

スマホから従来のパソコン用のホームページを閲覧したときに、一番多いのがこのような「期待したように表示できない」という問題です。
私だったら、そういった見づらいホームページで情報収集するのはあきらめ、ひどい時は興味さえ失いかねません。

今の若者はそういう見づらいホームページに直面した際、それを古いと感じ取り、「離脱」してしまう可能性が非常に高いのです。

「離脱」というのは、ホームページの閲覧を中止することです。

ここでおさらいになりますが、ホームページは現在、「スマホ対応」と「スマホ非対応」に分かれます。
自動車教習所が対象とする顧客は 18 歳から 22 歳くらいの若年層で、この年代のスマホ保有率は 100%に近く、スマホを肌身離さず持っています。

起きてから通学・通勤途中や、夜遅くまで常にスマホの画面を見ています。この世代は、パソコンはほとんど利用しませんので、スマホ対応のホームページにするか、対応しないままかが、若年層顧客獲得のカギになります。

全国的に有名な自動車教習所のホームページをグーグルで検索して、スマホで見てください。パソコンで見るのとは違い、スマホでも見やすいようにできていませんか？

それではここで再確認です。

あなたの自動車教習所はスマホ対応のホームページになっていますか？

パソコン用が小さくなって、文字が小さくて見えないので、スマホ対応ではないね・・・

もしも、まだでしたら、今からでも遅くありません。
一刻も早く、スマホ対応のホームページに変更することを強くお勧めします。

■ プッシュ通知とは？

スマホの最大の特徴は、「プッシュ通知」と言われる機能が付いていることです。

この「プッシュ通知」について、少し詳しく説明します。

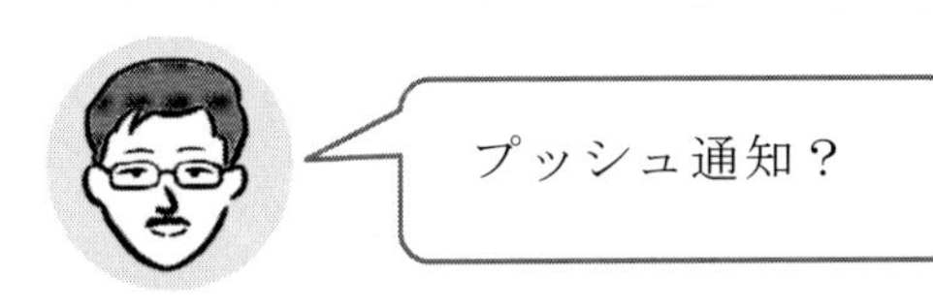

はい。すでにラインを使っている人は分かると思いますが、「プッシュ通知」は、画面にお知らせを出せる仕組み（ポップアップ）です。

ラインでメッセージを受け取ると、ラインの画面になっていなくてもポップアップして新しいメッセージが来たのが分かります。ホーム画面や他のアプリを利用中、画面のロック時（暗く消えている時）もポップアップされます。

ガラケーは、画面にポップアップができませんでした。
しかし、スマホは標準でこの機能が使えます。
使い慣れると、プッシュ通知は、本当に便利です。

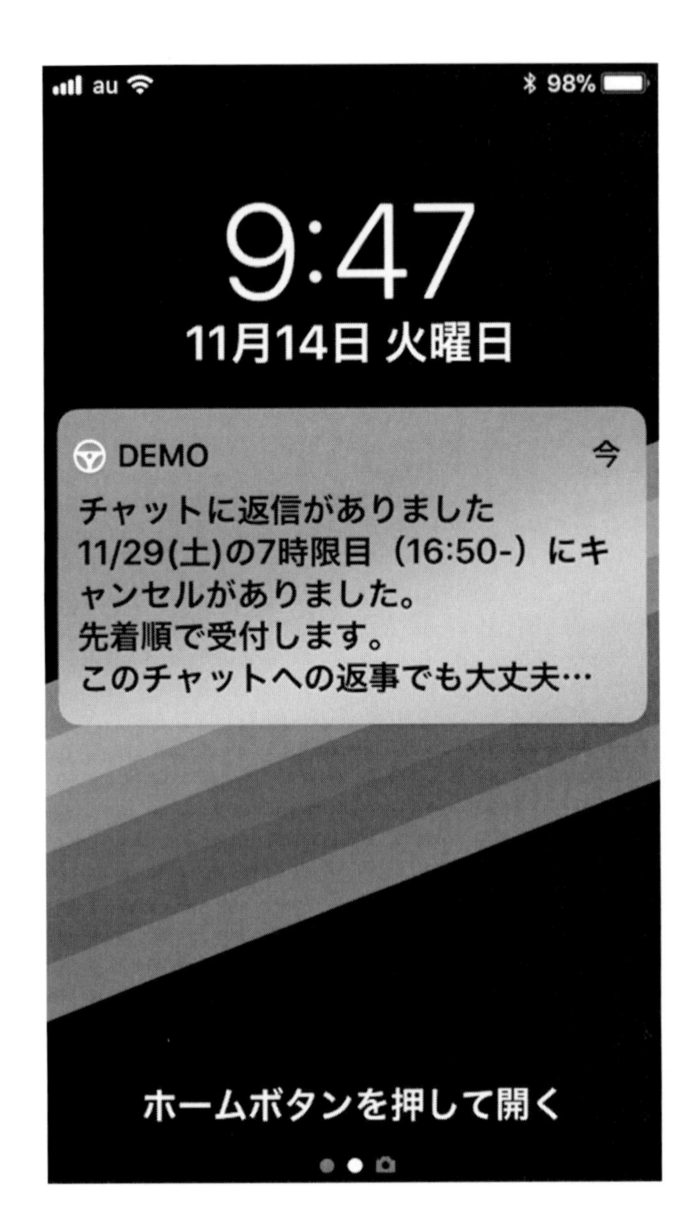
au
98%
9:47
11月14日 火曜日
DEMO
今
チャットに返信がありました
11/29(土)の7時限目（16:50-）にキャンセルがありました。
先着順で受付します。
このチャットへの返事でも大丈夫…
ホームボタンを押して開く

プッシュ通知は、どんな仕組みなんだ？

ちょっと難しいので、この部分は気楽に聞き流してください。

「デバイストークン」というのがあります。
聞きなれない言葉だと思いますが、「デバイストークン」とは、世界にひとつしか存在しない番号です。国際電話をかける際に、国番号＋電話番号で電話しますが、これも世界にたったひとつの番号です。メールアドレスも世界にひとつだけのものです。

スマホのプッシュ通知は、ドコモや au、ソフトバンクの携帯電話会社ではなく、OS がその機能をもっています。つまり、アイフォーンなら iOS，アンドロイドならアンドロイド OS の機能です。

スマホの OS と OS 提供会社（グーグル社やアップル社）は、常時通信ができる仕組みになっています。

つまり、アイフォーンならアップル社のサーバ機、アンドロイド OS ならグーグル社のサーバ機と常に通信できるようになっています。

相手のスマホにメッセージを送る時には、送信する側から「デバイストークン」宛てにメッセージを送ります。厳密にはアイフォーンの場合、アップル社のサーバ機へ、アンドロイドの場合は、グーグル社のサーバ機に「デバイストークン」を指定して、メッセージを送ると、その相手のスマホに転送される仕組みです。

ドコモのアイフォーンでも、アップル社のサーバ機から送付されるんだ

そうです。アイフォーンはドコモ、au、ソフトバンクの各携帯電話会社から販売されていますが、プッシュ通知は、携帯電話会社からではなく、アップル社のサーバ機から出されているのです。

ちなみに、携帯電話会社では、SMS（ショートメッセージサービス）をガラケーの時代から利用できていますが、たったの70文字しか送れません。また写真が動画、ラインのスタンプのようなものも送れません。さらに、インターネット通信料は定額でも、SMSは有料です。だから、今の若い人はほとんど利用していないと思います。

私がスマホ・アプリの開発会社を創業したきっかけは、プッシュ通知のこれからの可能性に目を付けたからです。

プッシュ通知を使えば、顧客のスマホの画面上に、直接メッセージを送ることが出来ますので、視認性が非常に優れています。

また、相手のスマホ画面がロックされている時でも、メッセージを表示させることができます。DMやメールよりも直接的に、かつリアルタイムで確実に顧客に連絡できるようになりました。

このプッシュ通知を企業の営業ツールとして活用すれば、非常に効果的なものになると思います。

プッシュ通知は、活用できそうだ

これを自動車教習所で利用する場合、送信先を、例えば「在校生全員」「明日教習を受ける予定の教習生」など、グループ分けして送信することもできます。

緊急連絡や確実に連絡したい場合、電話やメール、SMS よりも便利な機能です。

■ アプリの開始と終了

アプリの起動方法と終了方法をご存知ですか？

アプリの起動方法はご存知でも、アプリの終了方法を知らない方は意外に多いのではないかと思います。

アプリの開発の際に、お客様と時々、こんな会話があります。

「アプリを終了してみてください」

「はい、終了しました」

「それは終了ではなく、画面を隠して、ホーム画面に移動しただけですよ」

アイフォーンもアンドロイドも「ホームボタン」を押すと、ホーム画面に移ります。

（アイフォーンXは、「ホームボタン」がありませんので、操作が異なりますが、説明を省きます）

アプリの終了は、アイフォーンの場合は、「ホームボタンを2度押し（ダブルクリック）すると、画面の一覧が表示されます。終了したいアプリを上にスワイプ（画面を指で動かすこと）」します。

一方、アンドロイドの場合は、「右下の画面一覧ボタンを押し、画面の一覧で終了したいアプリを横にスワイプ（画面を指で動かすこと)」します。

「ホームボタン」を押して、ホーム画面に戻る作業を「アプリが終了している」と勘違いしている方が多いのですが、実はスマホは、アプリを一度起動すると、意識的に終了させるまでずっと動いているのです。

ウインドウズのパソコンでは、右上の「X」マークをクリックすると、ソフトが終了します。

Macのパソコンも同様に、左上の赤い「X」マークで、ソフトは終了します。

スマホ・アプリの場合は、ホーム画面に移動したり、他のアプリを起動して操作したりしても、裏側で最初のアプリは動いていますので、「待機状態」になるのです。

とても重要なのが、この「待機状態」です。
ホーム画面で、アイコンをクリックすると、一瞬でアプリが表示されるのは、この「待機状態」の仕組みがあるからです。

先日、母から「アイフォーンの調子が悪い」と言われ、診てみるとたくさんのアプリが起動していました。
「アプリは起動しっぱなしだし、サファリはものすごい数の画面が開いているよ」

「・・・・・」
母は何を言われているのか分かっていないようでした。

私は母に、丁寧にアプリの終了方法を教えたところ、アイフォーンは元気に動き出しました。

その時、分かったことなんですが、何と母は、2年前にアンドロイドからアイフォーンに買い替えてから、「一度もアプリを終了したことがない」とのことでした。

こういった方が1日数時間、電源も切らずにスマホを操作しているのが実態だと思います。スマホ購入時には、マニュアルも読まないし、そもそも、スマホ購入時にマニュアルは付いていませんよね。私たちは、友達との生活や会話で意識せずに、このような知識を自然に身に着けているのです。

私も、アプリの終了は意識していなかった

良い機会ですので、覚えてくださいね。

実は私も、余程のことがないかぎり、スマホの電源を切ることはありません。

夜、寝る前も、スマホを充電しながら、朝の目覚まし時計のアプリでアラームの時間をセットするからです。

朝、スマホのアラームで起きてからは、夜寝るまで、電源を切ることはありません。

最近は、飛行機の中でも「機内モード」で電源を入れっぱなしで音楽が聴けます。

もちろんネットにつながなくて利用できるアプリなら使えますし、出発前にデータをダウンロードしておくという特殊なやり方を使えば、機内でもネットにつなぐことなく映画が観れるのです。

だから、電源を切る機会はほとんどなくなってしまいました。
スマホは、肌身離さず、お風呂にも持っていき、夜寝る際には、枕元に置き、24 時間ずっと電源を入れっぱなしなんです。
そして、アプリはいつでも「待機」していて、必要な時には、瞬時に利用できるのです。

今まで、こんなものが世の中にあったでしょうか？

テレビ、ラジオ、新聞、雑誌などのマスメディアよりも、断然、個人のスマホにアプローチする手法が有効なのがイメージできていればスマホへの理解は完璧です。

■ チャットとは？

「チャット」は、お互いに文字でメッセージを交換する仕組みです。

ラインは最近、使ってるよ

はい、スマホのチャットアプリで代表的なのが、ライン（LINE）です。

フェイスブック（Facebook）のメッセンジャーも徐々に広がってきましたが、まだまだこの分野は日本ではラインの独り勝ちです。

「日本では」というのは、ラインは日本とアジアの一部だけしか利用されていません。
韓国に行けば、カカオトークというアプリが一般的です。
アメリカに行けば、ラインは誰も使っていません。

ここで理解していただきたいのが、それぞれの国でその国に合ったチャットアプリが存在し、その有用性は従来の電話とメールをはるかに超えているということです。

チャットは文字を打ち込む形で簡単に会議ができるようなものです。基本的には、1対1のメッセージ交換ですが、複数人数で同時にメッセージ交換ができる「グループ会話」もあります。

部活やサークルなどは、ラインの「グループ会話（グループ登録）」

という機能を使えば簡単に、複数のメンバーでメッセージの交換ができます。非常に便利に情報共有ができますが、緊急性のある連絡もできるようになりました。
スマホが日本に上陸してから、3年目の2011年6月に、日本でラインのサービスが始まりました。

それから、ラインは、アッという間に日本の若者に広がりました。

若い世代を中心に、スマホが急速に普及したのは、「ラインの登場にある」と言っても決して過言ではないと思います。

ラインには「プッシュ通知」と言って、誰かがメッセージを送ると、そのメッセージが到着したことを知らせてくれるポップアップ機能があります。つまり、スマホの画面に案内が飛び出てくるのです。

その頃のガラケーは、着信時に「呼び出し音（着メロ）」が鳴り、同時にバイブレーションでブルブルと震えていました。マナーモードで音を消しても、やはりバイブがブーブーっと鳴っていました。

一方、ラインは当時から、無音で、画面に「通知」を知らせることができたのです。

授業中や電車の中でも、ラインは簡単にメッセージを受け取れるようになりました。

そもそも、電話の場合、電話に出たとたん、時間と場所を拘束されてしまいます。

携帯電話料金が、基本料、通話料、インターネット通信料と区別されたことや、定額のインターネット通信料が主流になった影響もあり、多くの人が高い通話を避けて、メールやラインを使うようになりました。

意外と知られていませんが、SMS（ショートメッセージサービス）を利用すると、通話し放題とインターネット通信料定額に入っていても1回3円もの料金がかかります。ラインのように「はい」とか「り（了解の意味）」の返事を月に1日50回として、月150回するだけで、4,500円もの通信料がかかるのです。もちろん、私たちの世代は、ラインのやり取りはそんなに少なくありません。1日100回送信なんて特別ではないのです。SMSのようなものは、今の若者は高すぎて使えないですよね。

そのような料金事情もあり、無料のラインを使う人はどんどん増えています。今の若者は、友達や知人のラインは知ってても、電話番号やメールアドレスを知らないのが現状です。

私のスマホのアドレス帳は、わずかな電話番号、メールしか登録されていません。私の交友関係のほとんどが、ラインで連絡がとれるのです。私のラインには高校、大学の友人、仕事関係を中心に、300人以上が登録されています。

ラインが普及した理由は？

私なりに、分析してみました。

1. 部活やサークルの連絡用に使われた
2. レスポンス（反応）が早い
3. 操作が簡単
4. 履歴が残る
5. スタンプが送れる
6. 無料の電話（ライン電話）ができる
7. 写真や動画が、簡単に送れる
8. 送った相手が、見たか分かる（「既読」という機能です）

「早い」、「便利」、「簡単」なんでしょうね。

また、大多数の日本人は自分の「感情表現」が苦手です。メールでは難しかった感情表現を、ラインのスタンプはいとも簡単にできるようになりました。

メールでも「(^^♪」等の特殊記号を組み合わせた動きのない顔文字で感情を伝えることができましたが、やはりラインのスタンプの表現力にはかないません。

もともと感情表現が苦手な日本人にラインのスタンプはすごく合っていたんだと思います。

第7章
【解説】みなみ流
スマホ対策実践ステップ

この章では、港町自動車学校で経営改革を行い、V字回復を実現した手順を説明します。

■ 5つのステップ

スマホ対策は、一度にやらずにステップを踏んでいきましょう。徐々に対応させていくことが大切になります。

第1段階. ホームページのスマホ対応
第2段階. チャットの活用
第3段階. SNSの活用
第4段階. ユーチューブへの投稿
第5段階. アプリの活用

みなみ流

5つのステップ

少しづつ
取り組みましょう

第1段　ホームページのスマホ対応

第2段　チャットの活用

第3段　SNSの活用

第4段　ユーチューブの投稿

第5段　アプリの活用

■ 第１段階　ホームページのスマホ対応

まず、ホームページをスマホ対応にしましょう。

ホームページは企業の顔です。
教習所に例えて言えば、教習所の看板のようなものです。
自動車教習所にとっても非常に大切な営業のツールとなります。

そして、18歳から22歳の免許を取得する若者は、何でもスマホで確認します。
「免許を取りたいなぁ」そう思った若者が最初に取る行動は、まずスマホのブラウザで「免許　取り方」なんて検索キーワードを入力していると思います。

これまで説明してきた通り、学校や自宅のパソコンではなく、自分のスマホで検索するでしょう。
ではここで再確認です。
「自動車教習所のホームページがスマホ対応になっていなかったらどうなるでしょうか？」

スマホの方からは、見てもらえないか

そうですね、高確率で「離脱」してしまうでしょう。
チラシやポスターで一生懸命に集客して、その結果、ホームページには来てくれましたが、スマホ対応になっていないために、すぐに離脱されてしまいました。

非常にもったいないことです。

これは教習所の建物のメイン看板が昭和時代のままで、古臭く、汚れていても何も感じないのと同じことです。

古い看板のままだと、営業してないのかな？　なんて疑問も持たれてしまうかもしれません。いいことはないですよね。

そもそもホームページを制作する目的は何でしょうか？

そうですね。ホームページは、教習料金や教習所自体の基本情報に加え、教習所の特徴や魅力をアピールして免許を取りに来てもらうための道具になります。

当たり前ですが、教習生を集客することが一番の目的ですよね。

また、競合校との差別化を図り、その有利な点をアピールして集客に結びつけるという側面もあります。

ホームページをスマホ対応にして、スマホからでも見やすくするのは、今や必須といっても過言ではないと思います。
今の若者の動向を考えれば、ホームページのスマホ対応ができていないことは、致命的な営業機会の損失となってしまうでしょう。

私の会社では、スマホ対応のホームページをお客様自身で簡単に制作できる便利なシステムも提供しています。写真や図、文章などを準備できれば（または今のスマホ対応していないホームページのものを流用すれば）簡単にスマホ対応のホームページを制作できます。費用的にもリーズナブルですので、是非ご検討下さい。

■ 第２段階　チャットの活用

　ホームページがスマホでも良い感じに見えるようになったら、次のステップです。

　チャットを活用しましょう。

自動車教習所の事務所と教習生との間でチャットを利用することにより事務効率は格段に上がります。

電話やメールじゃダメなのか？

なぜそれらを抑えてまでわざわざチャットを使うのか、これからご説明します。

「最近の若い子は、電話に出ない、メールを見ない」という話をよく聞きます。

私は知らない番号から電話がかかってくると一度ネットで番号検索をして、相手を特定してから掛け直したりします。
知らない人からの電話ってイヤですよね。

電話は、電話に出たとたん、その人の時間と場所を拘束します。

実際、授業中や電車での移動中は電話に出られません。連絡を受ける側にも、それぞれの都合があります。
高校も大学も授業中は電源を切らなければなりませんし、バイト中も禁止です。日中にいつでも電話ができたり、メールの返事が出来たりできるような状況ではありません。ビジネスマンが、仕事で携帯電話を使うのとは使い方も、向き合い方も変わってきたのです。

メールなんかはＤＭボックスと化していますので、大事なメールを見落とす、なんてことがしょっちゅうあります。

ガラケーの時は頻繁に確認していたメールボックスも、今のスマホではほとんど開かなくなっています。通知さえ切っている人が多いのではないでしょうか？

まずは、そのあたりの事情を、きちんと理解してもらいたいと思います。
その上で、電話もメールも届かない今、チャットがいかに有効かを考えてみてください。

チャットはどんな業務に活用できる？

チャットと言ってもいろんな種類があります。
まずは、ラインを窓口業務で活用してみましょう。

例えば入校前に、住民票をスマホのカメラで撮って、ラインで送ってもらうこともできます。

住民票を郵送したりファックスしたりするのはそれなりの時間と手間がかかりますが、この作業であれば30秒で学校に住民票の写真が届きます。

教習所の事務所では、入校式の前日までに入校生の住民票の写真を入手していれば、空いた時間にシステムに登録できますので、入校式直前や直後に事務所が登録業務で忙しくなることを防げます。

また、教習所から入校生に入校手続きの資料をラインで送ったりすることもできます。「既読」によって、読んだかどうかが分かるような機能もありますので、到着確認なども必要ありません。

在校生には、例えば、修了検定前の注意事項の案内や効果測定の予約など、これまで電話や窓口で行っていた業務に迅速に対応できるようになります。

ラインを在校生との連絡で使う？

そうです。

企業が使う場合は、ラインアット（LINE@）というサービスがあります。

通常のラインのサービスは、個人と個人のメッセージの交換になりますが、ラインアットは企業が会員にキャンペーンや広告を一斉に送ることができます。

ラインアットは、機能を制限した無料サービスもありますので、まずは無料サービスを利用してチャットの利便性を試してみるのもいいかもしれません。

社員間（教習所の職員同士）の連絡は、ラインよりも「チャットワーク（Chartwork)」というアプリが向いています。チャットワークは、社内（教習所内）の業務連絡や情報共有に便利です。複数の方がグループになり、テーマを決めてチャットで会議ができます。タスク管理やファイルの共有もできますので、試してみてください。

■ 第3段階　SNSの活用

SNSを活用しましょう。

そうですよね。

SNSとはソーシャル・ネットワーク・サービス（Social・Network・Service）の略で、フェイスブック（Facebook）、ツイッター（Twitter）、インスタグラム（Instagram）、ライン（LINE）等のネットを介して、世界中の相手とコミュニケーションが取れるサービスのことです。

スマホの普及とともにSNSも進化し、浸透していきました。

2017年の流行語大賞に「インスタ映え」が選ばれたのも、SNSがいかに若者と密着しているかが分かりますよね。

前に出てきたSMS（ショートメッセージサービス）とSNSは似ていますよね。SMSは、電話番号によって70文字の文章を送る仕組みです。SMSとSNSは間違いやすいので、区別して使ってください。

そして今、このSNSをビジネスに活用する企業がとても増えてきています。

若者にはやっているという点もそうですが、基本的には無料で使えて、なおかつ集客に向けた情報発信ができるのは、非常に有効な手段です。

第2段階の「教習所用のチャット（ラインまたはラインアット、チャットワーク)」を現在ご利用していなくても、既にインスタグラム、フェイスブック、ツイッターを利用している方はたくさんいらっしゃると思います。まずは、教習所用のアカウントを登録してはいかがでしょうか？

基本的にはメールアドレスさえあれば簡単に登録ができますので、ぜひ活用してみてください。

ただここで注意していただきたいのが、教習所用のアカウントを作って毎日更新しても、それだけでたくさんのお客様に見てもらえるという事はありませんので、注意が必要です。ホームページと連動させたり、スマホ・アプリと連動させたりすることで興味がある人をSNSに誘導し、アクセスをアップさせることで、結果的にたくさんのお客様に見てもらうことができるようになります。

■ 第 4 段階　ユーチューブの活用

SNS までしっかり準備できたら、ユーチューブの対策に取り組みましょう。

ユーチューブへ動画を投稿する目的は 3 つです。

1. ホームページに動画で説明を入れる。
2. グーグルの検索順位を上げる。
3. ユーチューブ内の検索に引っかかるようにする

ユーチューブは、動画を無料で見ることができるサイトですが、投稿するのも無料です。それまでは、動画をインターネット上に公開するには高額な費用がかかっていました。

また、便利なことに、自分のホームページに組み込むこともできます。

「組み込む」とは、動画のリンクをはってユーチューブに飛ばす（リンクする）わけではなく、そのホームページの中で、そのまま再生出来るような画面が組み込まれる機能です。

もちろんこの「組み込み」も無料でできます。

そして、ユーチューブに限ったことではありませんが、動画で説明すると、ホームページやチラシで説明するよりも、たくさんの情報が伝えやすくなり、理解してもらう度合いも高まります。

1 分間の動画が伝える情報量は、文字にすると 180 万文字に匹敵し、ホームページだと、3600 ページ分になるという統計データが出ています。

今の若者は、スマホをいつも持っていますので、手軽にいつでもユーチューブの動画を再生できる点からも、無料な上に手元に届きやすく、情報量も申し分ないユーチューブ戦略は、集客に非常に有効なのです。

さらに詳しく説明します。教習所の例をあげましょう。
今ある教習所のホームページには、教習コースにドローンを飛ばした動画や、入校説明の動画が埋め込まれているところがあります。
これは、入校を検討している人に対して、より細かく入校後のイメージを持たせることができ、文字だけで伝えるよりも圧倒的にギャップが縮まりますので、クレームの減少にも効果があります。

ユーチューブは、グーグルに次いで、世界で二番目によく使われている「検索エンジン」です。「検索エンジン」とは、何か探し物をしている時に、キーワードを登録すれば、その関連する情報を探し出し、返事をしてくれるものです。有名なものですと、グーグルやヤフーです。

ユーチューブは、今はグーグルに吸収された事もあり、ユーチューブで再生されると、グーグルの検索順位にも影響があるようになっています。
つまり、再生回数が多い程、グーグルの検索順位が上がり、さらに目につきやすくなります。

また、グーグルの検索結果で、ユーチューブ動画の情報（サムネイル）も表示されますので、そこからの訪問者も増えます。
ユーチューブは、動画を無料でホームページに組み込めるだけでなく、再生回数が多くなるほどグーグルの検索結果も上位にきますので、そういった面でも重要な集客手段だと思ってください。

YouTube
Ev

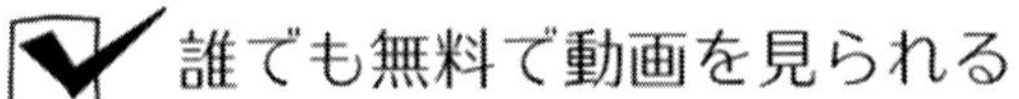
誰でも無料で動画を見られる

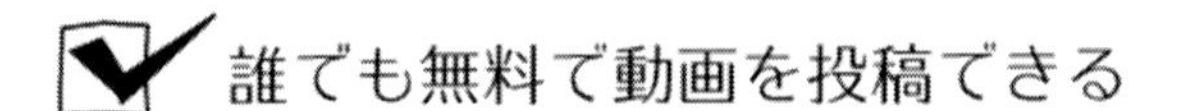
誰でも無料で動画を投稿できる

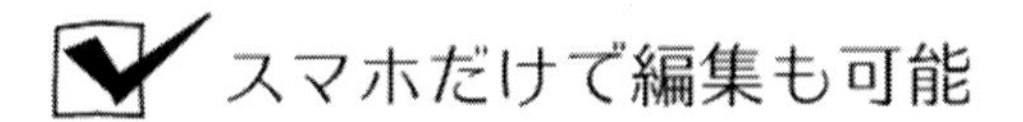
スマホだけで編集も可能

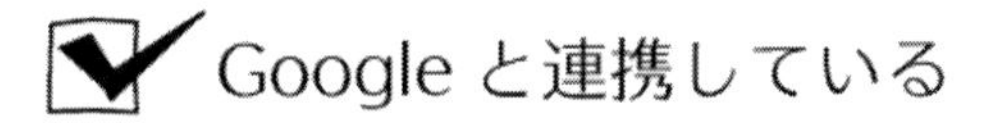
Google と連携している

ホームページに埋め込み可能

動画を自分たちで制作して、投稿するのは無理だよ・・・

確かに、テレビで放映するようなものは専門の業者でないと無理ですが、「ユーチューバー」は、自分で撮影して、自分で編集して、自分でユーチューブに投稿しています。

今までは、動画の編集に専用のビデオカメラやマイク、編集用ソフトの購入が必要でした。

しかし現在、スマホのストア上に「無料」で「スマホで撮影をした動画」をある程度編集できるようなアプリがたくさんあります。

例えば、撮影した動画から不要な部分をカットしたり、2 つ以上の動画をつなげ合わせたり、説明文（テロップ）を入れることができるアプリが簡単に手に入るのです。

もちろん、「有料のアプリ」だと、プロ顔負けの編集ができます。

どうでしょうか？「ユーチューブって意外と簡単なんだな」そう思ってもらえれば幸いです。

素人でも簡単に、スマホ 1 つで動画を作って投稿できる時代です。

■ 第５段階　アプリの活用

さて、第１段階から第４段階まで実践できたら、次はいよいよスマホ・アプリの導入を検討しましょう。

第４段階までで十分だよ

アプリが普及するまでは、その考えで大丈夫でした。SNSも立派な集客ツールです。

しかし、アプリと比較すると、それらの利便性は違ってくるのです。

スマホに対応したホームページができて、ラインアットでお客様とのメッセージの交換ができるようになり、フェイスブック、ツイッター、インスタグラムに教習所のアカウントを作成して、自動車教習所のことを外部に発信できる環境が整ったとします。さらに、ユーチューブに投稿して、ホームページに組み込みました。

ここまでのやり方も十分先進的で時代に合っているのですが、これは簡単にみんなが手を出せてしまうことなんです。つまりは、競合校はすでに着手済みな可能性はかなり高いのです。まだだとしても、地元のホームページ制作会社に依頼すれば、そんなに時間をかけなくてもできることです。

競合校に差をつけたいなら、ここからが大事になります。

これまでの４段階でやってきたことを、さらに強力に推進するのがスマホ・アプリなんです。

すでに第 4 章でご紹介したスマホのアプリ「エブスマ」を導入して、自動車教習所の経営改善を目指しましょう。

第8章

【解説】

フューチャー・ドライビング・スクール

この章は、未来の自動車教習所のコンセプトです。港町自動車学校を2回目に訪問した際に、プレゼンしたものです。

■　自動車教習所の自己診断

「フューチャー・ドライビング・スクール」とは、未来の自動車教習所のコンセプトです。

このコンセプトは、私が発案したものです。

10個の設問がありますが、下の設問に答えてみて下さい。

1.　ホームページは、スマホ対応しているか？
2.　ラインなどのチャットを活用しているか？
3.　SNSを活用しているか？
4.　ユーチューブに投稿しているか？
5.　オリジナルのアプリを導入しているか？
6.　予約・配車システムを導入しているか？

7. 顧客情報データベースの構築、または営業支援システムを導入しているか？

8. 教習生にアンケートを実施しているか？

9. 送迎バス予約システムを導入しているか？

10. CTI システムを導入しているか？

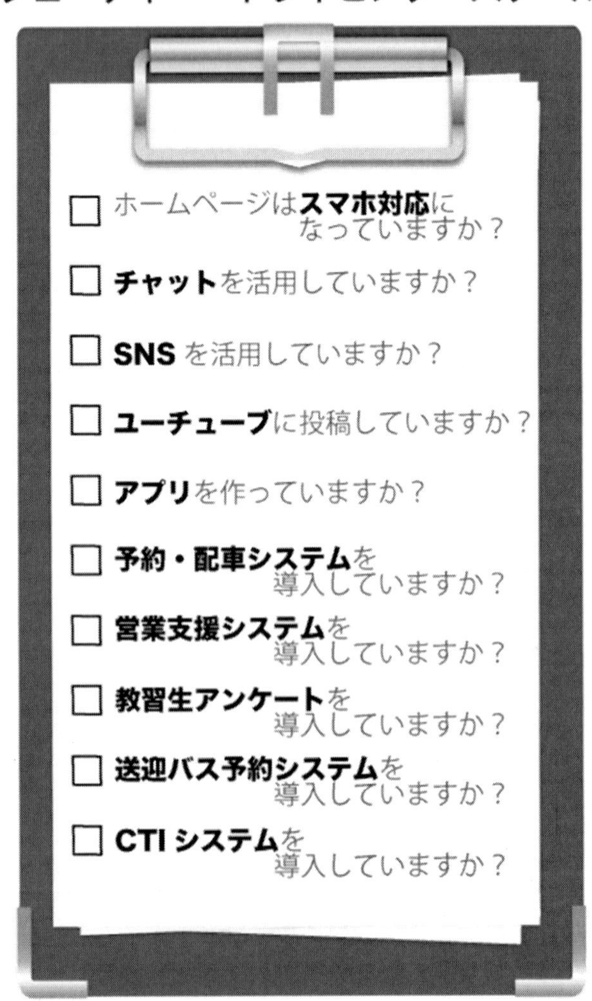

いかがでしたか？

10個の設問中、7つ以上の〇があれば、「フューチャー・ドライビング・スクール」と言えると思います。

〇の数が3個以下の教習所は、まだ、昭和時代の古いままだと思います。もう、そろそろ本格的にIT化に取り組まないと、時代に取り残され、ガラケーのような運命になると思います。

スマホ・アプリや近代的な予約・配車システムなどのITを活用して、教習生にとって利便性の高い自動車教習所を目指すことが、これからの自動車教習所の繁栄の秘けつになると思います。

何となく、アプリの重要性が理解できてきたけど、競合校に先に入れられたらダメージになりそうだ

そうですよね。

昭和時代の運用のままだと、今の若者は離れていきます。

逆に若者向けの対応が早くできれば、明るい未来が待っているということです。

■ AI（人工知能）の導入

チャットボットとはチャットとボットを掛け合わせた言葉です。ボットとはロボットのことでプログラムのことです。

このチャットボットは、人工知能の技術が用いられます。

チャットの答えは、実はコンピュータが返しているのですが、自然な会話が続くので、人の言葉を理解した上で、人間が応答しているように感じます。

チャットボットは賢いんだね

そうです。でも、実は、あらかじめ決めていたキーワードに対する返事をプログラムが判断して文章をつくり、返事をしています。
人工知能は、学習機能を取り込むことによってその精度を高めていきますが、その学習機能のことを「ディープラーニング」といいます。

ただ、残念ながら現時点の技術では人工知能自身が、自ら学び、ひとりで賢くなるというレベルには至っておらず、チャットで会話した内容をデータベースに記録し、分析して、さらに返答能力を高める人的な作業が必要になります。こちらの支援も私の会社は得意ですので、是非、ご相談下さい。

このチャットボットがあれば、例えば24時間、365日お客様からの問い合わせに対応できます。

例えば、入校日の問い合わせや、料金の問い合わせ、または最短卒業日の問い合わせなど、これまで業務中に事務職員が対応していたことをチャットボットで応答できます。

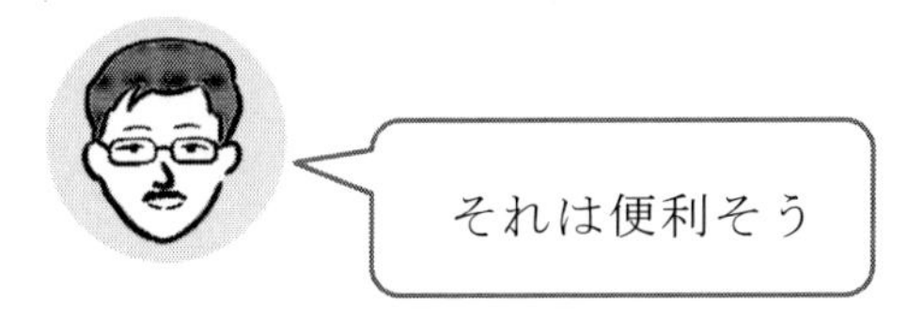

次頁の図のように、お客様から「入校」に関する問い合わせがあったとします。
チャットボットは、お客様のチャットの言葉を分析します。「入校」、「入学」、「免許取得」などのキーワードが入っていると「入校」に関する問い合わせと判断し、「希望の車種は普通車ですか？　それとも

二輪ですか？」と自動応答します。

休日や夜間にチャットボットが自動対応した記録が残っていますので、事務所の翌営業日に全て確認できます。

必要に応じて事務員がお客様にチャットで再確認したり、または電話で連絡したりすることができます。

チャットボットは、スマホのチャットからの問い合わせを24時間365日対応できるだけでなく、ベテランの事務員と同じ程度か、それ以上の応対能力を発揮することができますので、お客様からの問い合わせに確実に対応できます。

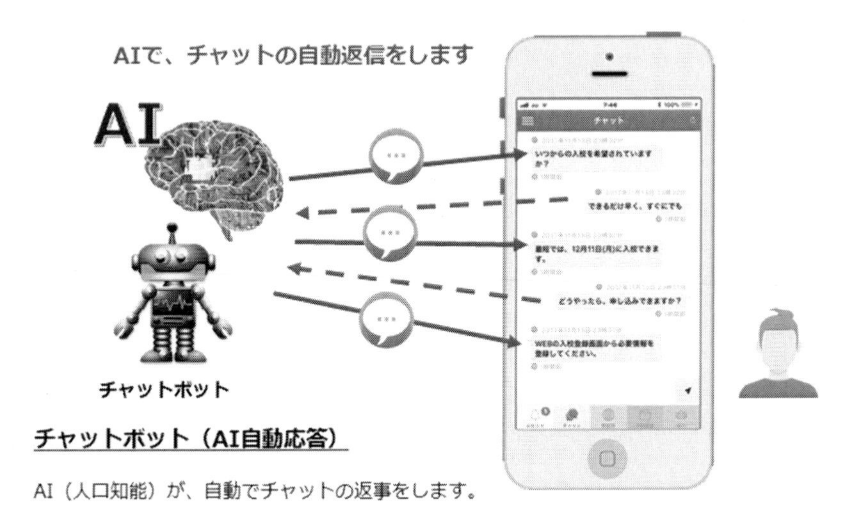

・２４時間、３６５日稼働（休みなし）

・特定のキーワードに自動で反応し、返事を出します。

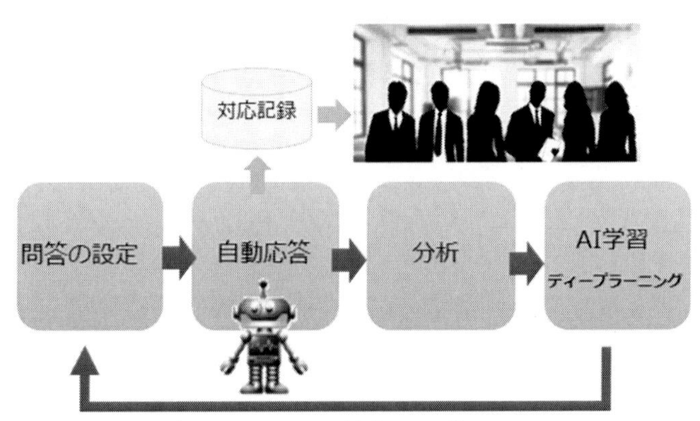

■ 顧客情報データベースの構築

スマホは、世界でその 1 台を特定できる識別子（デバイストークン）があり、その識別子があればプッシュ通知を送ったり、顧客の特定ができたりします。

識別子（デバイストークン）は、厳密にはアプリのダウンロード時、またはバージョンアップ時に新しいものが割り振られますが、世界にひとつしかない番号ですので、顧客 ID と一緒にデータベースに登録することで、顧客の個人情報である氏名や住所、電話番号を取得しなくても、自動車教習所に有用な顧客データベースを構築することが可能です。

当社のシステムの場合は、せっかく貯めたポイントをスマホの紛失や機種変更で失わないように、メールアドレスを追加登録してもらえば、それまでに情報を引き継げる仕組みになっています。

個人情報が無くても、情報のやり取りができれば、確かに顧客のリスクは減るね

改正個人情報保護法では、個人情報の取り扱い及びその利用が限定的になりました。

スマホにアプリを入れてもらい、プッシュ通知を送れるようになれば、自動車教習所とお客様が双方向で情報交換ができるようになります。

アプリを導入してもらう最大の目的は、教習生や卒業生との連絡手段をずっと維持するためです。

連絡手段を維持することで、教習生や卒業生の兄弟や知人の紹介につなげることもできます。

また、これからの顧客との関係維持はこれまでにプッシュ型ではなく、プル型に変わっていくと思います。
テレビや新聞、ラジオや雑誌広告、DMや訪問営業、メール広告などがプッシュ型の営業です。最近のメール広告は本当にうっとうしいと感じる人が多いのではないでしょうか?
いずれラインやフェイスブックも今のグーグルやユーチューブのように広告だらけになるでしょう。

インターネットの良い所は、必要な情報を、必要な時に探し出すことです。今のグーグルやユーチューブのような押し売り型、つまりプッシュ型の営業ではなく、お客様に必要な情報を素早く提供できる教習所が選ばれる時代になると思います。

その時には、従来のような個人情報を持たなくても独自に作れる顧客情報データベースが、非常に重要な資産になります。

紙の台帳やエクセルで管理している顧客情報を、データベースに蓄積して、顧客が欲しい情報をプル型で素早く、的確にアプローチできれば大きな武器になると思います。

■ 自動車教習所システムとの連携

自動集客アプリ『エブスマ』は、自動車教習所システムと連動できます。

例えば、自動車教習所システムは、入校から卒業、指導員の勤務予定、教習予約・配車、実績管理や月報出力ができるシステムです。教習生がスマホから技能予約する機能や、指導員が iPad で勤務予定の確認をする機能、送迎バスの予約や配車、POS レジによる料金の管理など自動車教習所の運営に関するあらゆる機能を盛り込んだシステムもあります。

教習生は、自動集客アプリ『エブスマ』で技能予約を確認したり、配車した情報を確認したりすることができます。

入校時に、アプリ『エブスマ』をダウンロードし、教習生番号とパスワードで認証すれば、それ以降は卒業するまで、教習に関する情報を取り出すことができます。

ようやく、教習所にとってのアプリの
有用性が分かってきたかも

少子化、過疎化、免許離れ、自動車の自動運転技術の普及、個人情報の保護、あっせん業者の影響力など、自動車教習所を取り巻く環境は、厳しいものがあります。一方、自動車教習所は警察からの許認可事業で、新規参入が困難です。時代に合わせた運営ができれば、悲観することはないと思います。これから、IT を駆使して旧態依然の体制から脱却し、「フューチャー・ドライビング・スクール」として、未来型の自動車教習所を創造していきましょう。

皆様の今後の繁栄を祈願しております。

スマホに
たったひとつのアプリを
入れるだけ

Every-time
Everywhere
Everything

Smartphone

■　おわりに

最後まで読んでいただいてありがとうございます。

現役の女子大生が本を出してしまいました。

自動車教習所の経営者の方に、スマホの現状と顧客である若者の動向を知っていただこうと思って筆をとりました。

また、その解決策のひとつとして、自動集客アプリ『エブスマ』を例に説明しました。

少しでも理解する手助けになるように、第１章と第３章は物語風にしてみました。

いかがでしたでしょうか？

「今の若者がスマホに依存している」ということを理解していただくきっかけになっただけでも、この本を書いた苦労が報われます。今の若者の動向だけでなく、スマホの凄さ、アプリの面白さが伝われば幸いです。

私の会社のアプリ『エブスマ』の開発は、これまで、１年以上かけています。

膨大な時間と、膨大な労力、費用を費やしてきました。
特に「ポイント・システム」は、多くの社外からのご支援とご協力をいただき、ようやく運用できるようになりました。

まだまだ、試行錯誤の連続ですし、アプリの改善も続けていかなければなりません。

でも、この本を書くうちに、私自身の頭の中も整理され、スマホの可能性とアプリの必要性を再認識しました。

「いつでも、どこでも、なんでもスマホの時代」です。

スマホと若い世代のことを理解して、適切なアプリによる経営改善ができるよう、取り組んでみてください。

最後になりますが、是非、無料メルマガ『エブスマ』に登録してください。アプリや業界の情報だけでなく、補助金や助成金などお役に立つ情報も定期的に配信していきたいと思います。

無料メルマガ『エブスマ』の QR コード

それでは、皆様のご活躍を期待します。

まだまだ若輩ではありますが、引き続きご指導をお願い致します。

平成 30 年 2 月吉日

みなみ

■ 謝辞

この本の出版にあたり、たくさんの方のご支援を頂きました。

私は、本を出版するのは初めての経験でした。

先ずは、この本の企画を手伝ってくださり、文章の校正や統計資料を作成して頂いた元商社マンで 40 か国以上の訪問経験のある株式会社エブリスマホの宮永博専務取締役、心から御礼申し上げます。お陰様で、私のイメージしたとおりの本ができ上がりました。

元日経新聞の記者で、中小企業診断士の井内堅太郎先生には、文章の表現や漢字の添削など、幅広いアドバイスを頂きました。そのお陰で、ITの専門用語をなるべく少なくし、ITに関係ない方や未だにガラケーをお使いの方にも読んでいただけるような内容になったと思います。心から感謝致します。

公認会計士の前田達宏先生には、会社設立手続きから大変お世話になりました。また、この本の題材や見た目、そして内容に関して貴重なアドバイスをたくさん頂きました。ありがとうございました。

そして、本を出版する際に、ご支援頂いた三恵社の木全様と井澤様、本当にありがとうございました。

その他、たくさんの方に、アドバイスやご意見を頂き、ありがとうございました。

本を書いている途中で、何度も挫折しそうになりましたが、皆様のご支援のおかげで、ついに書き上げることができました。

本当に感謝の気持ちでいっぱいです。

ありがとうございました。

平成 30 年 2 月吉日

みなみ

みなみ（Minami）

1994年生まれ。東京都出身。スマホ・アプリ開発の「株式会社エブリスマホ」代表取締役社長。東京理科大学経営学部在学中。大学ではマーケティングを専攻し、少子化の影響を受けるビジネスの企業戦略を中心に研究中。
女子学院中学時代はアニメ研究班に所属して、パソコンでアニメを制作、本格的にパソコンに触れ始める。この本に登場するアプリのキャラクター『エブちゃん』も自身で描いている。大学在学中にアルバイトでスマホのアプリ開発を経験した際、スマホとアプリの将来に可能性を感じて、アプリ開発会社「株式会社エブリスマホ」を創業し、社長に就任。自動車教習所から美容院まで、様々な業種に対応した企業向け戦略アプリを提案している。趣味は映画鑑賞とカラオケ。特技は、イラストレーター、フォトショップでの加工。

若者の集客はスマホとアプリに任せよう　自動車教習所編

2018年7月2日　初版発行
2018年8月1日　二版発行

著　者　株式会社エブリスマホ
代表取締役社長
野村　美波

定価（本体価格1,700円+税）

発行所　株式会社　三恵社
〒462-0056 愛知県名古屋市北区中丸町2-24-1
TEL 052 (915) 5211
FAX 052 (915) 5019
URL http://www.sankeisha.com

乱丁・落丁の場合はお取替えいたします。

ISBN978-4-86487-888-3 C2004 ¥1700E